Wolfsspuren

Die Frau, die mit den Wölfen lebt

Tanja Askani

Wolfsspuren

Die Frau, die mit den Wölfen lebt

Fotografien von Sabine Lutzmann

AT Verlag

Inhaltsverzeichnis

Fotos: Sabine Lutzmann, Hamburg
Lithos: AZ Print, Aarau
Druck und Bindearbeiten: Appl, Wemding
Printed in Germany

ISBN 3-85502-979-2

www.at-verlag.ch

Vorwort

In der Geschichte der Beziehung zwischen Mensch und Wolf hat sich eine neue Epoche angebahnt. Seit nicht allzu langer Zeit werden wir uns dessen bewusst, was wir durch die Ausrottung so vieler wilder Wesen verloren haben. Wie ein indianischer Ältester es formulierte: »If the beasts are gone we will die of loneliness of Spirit.« – Wenn die wilden Tiere vollends verschwunden sind, werden wir Menschen an geistiger Einsamkeit – oder um mit einem modernen Begriff zu sprechen, an Depression – zugrunde gehen.

Was wir in der äußeren Natur verfolgen und ausrotten, merzen wir auch in unserer Seele aus. Jeden Schritt, den wir uns von der Natur entfernen, bezahlen wir mit einem Verlust an ursprünglicher Vitalität, an Geborgenheit in der Welt, einem Verlust an Verständnis und Weisheit. Durch den Kampf gegen alles Wilde hat der Mensch eine beispiellose Kettenreaktion der Zerstörung der Natur und der ihr innewohnenden Wesen und intelligenten Systeme ausgelöst.

Hatten Tiere bis vor nicht allzu langer Zeit nur noch einen Wert, wenn sie für den Menschen von praktischem Nutzen waren – angefangen bei ihrer Essbarkeit über ihren militärischen Einsatz bis hin zu ihrer Bedeutung für die Forschung als Träger »interessanter« DNS-Ketten, so begann mit Konrad Lorenz ein neues, authentisches Interesse am Tier selbst.

Die Wolfsbiologen der ersten Generation folgten ihrer Neugier und betrieben eine objektive und neutrale Verhaltensforschung am Wolf. Die legendäre Bösartigkeit des Wolfes löste sich im Licht dieser Forschung mehr und mehr auf. Langsam entwickelte sich das Bild eines hoch intelligenten, sozialen und sensiblen Wesens, das, am Ende der Nahrungskette stehend, einen unschätzbaren Wert für einen gesunden Wald, für eine gesunde Natur als Ganzes hat. Doch die Forschung am Wolf geschah aus sicherem wissenschaftlichem Abstand heraus, und die Arbeit mit Zahlen und Statistiken lässt keine Beziehung des Forschers zum Untersuchungsobjekt aufkommen, das Tier bleibt ein »Gegenstand«.

Andere Wolfsforscher begannen dann, ihre Arbeit auf der Basis eines unmittelbaren Kontakts zum Wolf zu betreiben. In der Beziehung zwischen Mensch und Wolf war dies ein wichtiger Schritt nach vorn. Allerdings gilt auch diesen neueren Forschern als Maßstab ihres »Erfolgs«, dass das Rudel dem Menschen »gehorcht«, dass die Wölfe ihnen »folgen«. Der Wolf bleibt noch immer das Raubtier, das nur durch überlegene und fortwährend demonstrierte menschliche Dominanz beherrschbar ist. Der Mensch kann sich dem Wolf nur dann nähern, wenn er in jedem Augenblick seine Macht über ihn sicherstellt und durchsetzt.

Tanja Askani hat durch ihre Arbeit mit den Wölfen das Tor zu einer neuen Dimension der Beziehung zu diesen Tieren geöffnet. Auf der Basis von umfassendem Respekt und profundem Wissen sowie einer absoluten Präsenz und großen Liebe ist es ihr gelungen, dem Zusammenspiel von Mensch und Wolf eine ganz neue Gestalt zu geben. Wie sie mit ihren Wölfen umgeht und was sie dabei erlebt, daran lässt sie uns in diesem bewegenden Buch teilhaben.

Wenn wir ihr bei der Arbeit mit den Wölfen zuschauen, gewinnen wir ein Bild davon, wie auch in frühen Zeiten eine partnerschaftliche, freundliche Kooperation mit diesen wilden Wesen ausgesehen haben könnte. Gleichzeitig weist ihre Arbeit auch in die Zukunft. Tanja Askani lebt den alten Mythos vom »Bruder Wolf«, jenen Mythos, der jahrtausendelang den Menschen in der Beziehung zu den Wölfen geleitet hat, auf eine sehr moderne Weise.

Mit ihrem außergewöhnlichen Einfühlungsvermögen steht sie in tiefer empathischer Verbindung zu den Tieren. Sie ist empfindsam für die wechselnden Gefühle der Wölfe und nimmt ihre Stimmungen unvoreingenommen auf. Durch ihr bemerkenswertes Wissen stellt sie das Verhalten und die Gefühle der Wölfe in einen Sinnzusammenhang und macht diese so auch für den Wolfslaien verständlich. Tanja Askani spricht in der Wolfssprache und in der Menschensprache mit ihren Wölfen – und die Wölfe reagieren auf sie. Sie kommen, wenn sie gerufen werden – aber aus Liebe und aus freiem Willen, nicht weil sie gehorchen. Niemals zwingt sie den Wölfen unnötig ihren Willen auf. Faszinierend ist dabei, dass sie auch nie versucht, die Wölfe mit Futter zu manipulieren oder ihnen mit anderen Tricks eben doch heimlich ihren Willen unterzuschieben. Wenn ein Wolf Aggressionen zeigt, ist das für sie genauso in Ordnung, wie wenn er Liebe und Zuneigung ausdrückt. Wir lernen durch sie, dass Aggression wie Liebe, Fürsorglichkeit und Zärtlichkeit Teil des natürlichen Verhaltensspektrums des Wolfes ist, dem wir nicht gerecht werden, wenn wir dem Tier Maßstäbe aus der menschlichen Ethik überstülpen. Beides, Romantisierung und Dämonisierung des Wolfes, sind aus menschlichem Wunschdenken heraus entstanden, sie versperren die Sicht auf die Wirklichkeit und verhindern echtes Verständnis. Tanja Askani lehrt uns, die Tiere mit ihrem Verhalten so anzunehmen, wie sie sind, frei von moralischen Urteilen und romantischen Vorurteilen.

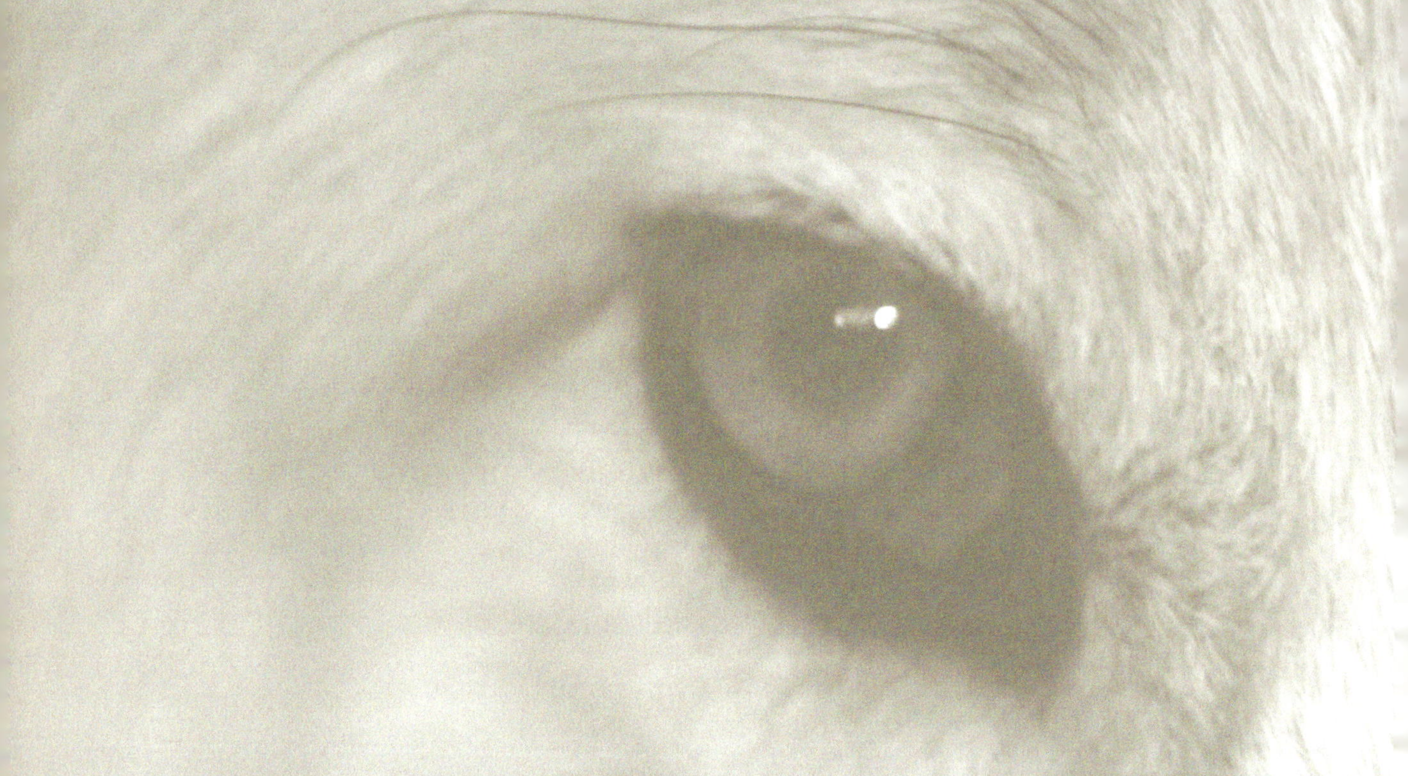

Beeindruckend ist auch ihr Respekt vor den autonomen Regeln des Rudels, die dem Menschen Grenzen setzen. Sie stellt die Regeln des Wolfsrudels höher als den menschlichen Wunsch, Einfluss zu nehmen und zu partizipieren. Auch darin unterscheidet sie sich deutlich von anderen Leuten, die mit Wölfen arbeiten.

Schon als Kind hatte Tanja Askani eine intensive Beziehung zu den Tieren. Immer wieder brachte ihr Vater ausgesetzte, kranke oder »überflüssige« Tiere nach Hause und pflegte sie gesund, bis sie eine neue Heimat fanden. Doch wer sich jetzt ein romantisches Heim im Grünen vorstellt, liegt falsch. Tanjas Familie lebte zu jener Zeit in einer Industriestadt im tschechischen Kohlerevier. Die Wiese, auf der die vierjährige Tanja das verstoßene dritte Drillingsschäfchen hütete und grasen ließ, war das dürftige Grün zwischen Hochhäusern. Das Fuchsjunge, mit dem das fünfjährige Mädchen herumtollte, war von schweren Maschinen verletzt worden. Ganze Tage verbrachte sie bei den Tieren der kleinen das Land bereisenden Zirkusse, die in ihre Stadt kamen. Sie fütterte die Ponys und träumte davon, einmal mit »wilden Tieren« zu arbeiten, wie die von ihr bewunderten Zirkusleute. Doch ihre Gefühle gegenüber der Dressur und dem Zwang, den die Dompteure dabei notwendigerweise auf die Tiere ausübten, waren zwiespältig.

Als Tanja sechzehn Jahre alt war, wurde in Novy Jicin von Tierschutzleuten eine Vogelauffangstation gegründet. Dort wurden verletzte Greifvögel gepflegt und später wieder ausgewildert. Sie schloss sich dieser Initiative an und verbrachte

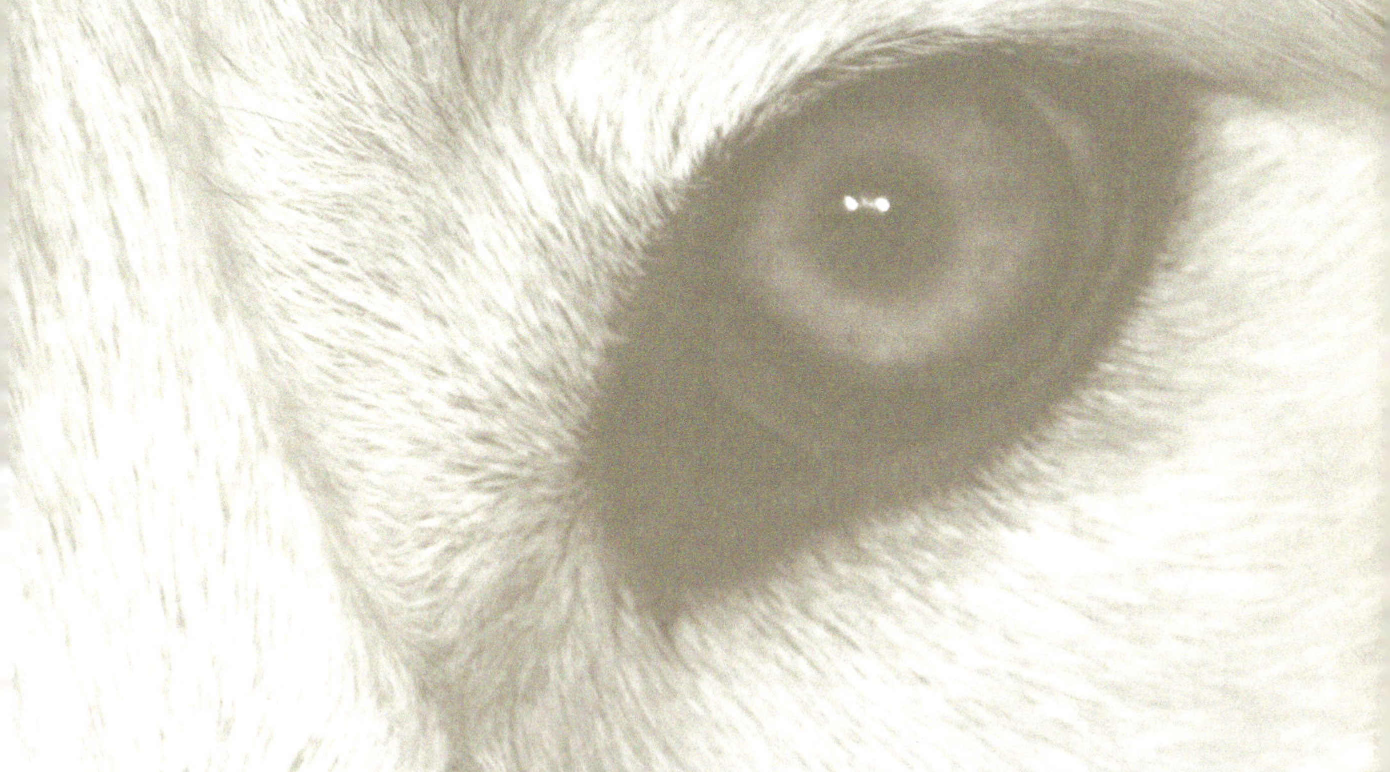

dort alle ihre Zeit nach den Schularbeiten. So wurde sie ganz nebenbei zur Falknerin.

Nach dem Abitur studierte sie Zootechnik. Die Berufspraxis war deprimierend. Tanja bekam die Verantwortung für den gesamten Tierbestand einer riesigen landwirtschaftlichen Produktionsgenossenschaft übertragen und musste miterleben, wie in der Massentierhaltung die Fürsorge für die Tiere auf niedrigstem Niveau angesiedelt war. Trotz großem Einsatz konnte sie mit unengagierten Tierpflegern und in einem System gnadenloser Ausbeutung der Tiere nur wenig Besserung bewirken. Sie hatte zwar die Verantwortung, aber sie hatte keinen Einfluss und wandte sich schließlich frustriert ab. Dennoch gaben ihre Ausbildung und ihre fundierten Kenntnisse in Biologie, Physiologie und Ethologie ihr das grundlegende Handwerkszeug für ihre spätere Arbeit mit den Wölfen.

Tanja absolvierte zusätzlich eine künstlerische Ausbildung, die ihr nach der Zeit als Zootechnikerin die Tätigkeit als Restaurateurin in verschiedenen Museen ermöglichte. Auch durch die künstlerische Arbeit entwickelte sie Fähigkeiten, die ihr Jahre später in der Wolfsarbeit zugute kommen sollten: Sie lernte im genauen Hinsehen das sorgsame Erfassen der Welt. Sie lernte, auch das feinste Detail wahrzunehmen und ihm eine Bedeutung im Ganzen des Bildes zu geben.

Die Idee, sich den Wölfen zuzuwenden, war lange nur ein Traum. Von ihrem Vater hatte sie als kleines Mädchen ein Buch über Wölfe bekommen, und die Bilder dieser wilden Wesen waren für immer in ihre Seele eingegraben. Jahrzehnte später, als sie schon längst mit ihrem Mann zusammen die Falknerei im Wildpark Lüneburger Heide aufgebaut hatte, erinnerte sie sich an ihren Kindheitstraum. Es geschah in dem Augenblick, als sie zum ersten Mal ein neugeborenes Wolfsbaby in der Hand hatte – Cheenook, von dem in diesem Buch erzählt wird. Aus dem alten Traum wurde ein Plan. Wie aus dem Plan und seiner Verwirklichung viele wunderbare Geschichten entstanden, daran lässt uns Tanja Askani in ihrem Buch teilhaben.

Die Botschaft ihrer Arbeit aber reicht weit über die Welt des unmittelbaren Umgangs mit Wölfen und der Erforschung ihres Verhaltens hinaus. Die Beziehungsform, die sie zu den Wölfen entwickelt hat, ist ein Modell, wie wir auf die intelligente Komplexität des Lebens insgesamt mit Vorsicht, Respekt, Weisheit und gleichzeitig einer intensiven Bezogenheit antworten können. Sie lehrt uns, dass Kontakt und Beziehung zur wilden Natur ohne menschliches Dominanzgebaren möglich sind. Sie lehrt uns den Respekt vor den übergeordneten Regeln, welche die sozialen Gefüge in der Natur bestimmen, und wie gerade dadurch, dass wir diesen Rahmen anerkennen, ganz neue Möglichkeiten der Beziehung entstehen können.

Tanja Askani verkörpert durch ihre Arbeit eine neue, zukunftsweisende Beziehungsethik, die nicht nur im Umgang mit den Wölfen zum Tragen kommt, sondern die wir auch für eine Neubestimmung unseres Verhältnisses zur natürlichen Welt dringend brauchen. Ihre Arbeit ist ein wunderbares Geschenk an unsere Zeit.

Rosemarie Kirschmann

Leben mit Wölfen

Oben: Das Fell der Polarwölfe isoliert so gut, dass Schnee, der darauf fällt, nicht taut.

Unten: Für Polarwölfe ist Schnee ihr wahres Element.

Januar

Ich stehe an eine alte Fichte gelehnt, meine kalten Hände tief in die Taschen vergraben. Die Luft riecht nach Frost und Tannennadeln. Schneeflocken rieseln herab und tauen auf meinem Gesicht. Still beobachte ich, wie die Wölfe um mich herum spielen, balgen und toben. Fasziniert sehe ich ihnen zu, bezaubert von ihrem klaren und unverfälschten Wesen. Der Wolf – Symbol für die tief verborgenen Schattenbereiche unseres Seins, Symbol für Stärke, Unabhängigkeit und Wildheit. Langsam sollte ich gehen, aber ich kann mich einfach nicht losreißen, mich nicht von ihrem Anblick trennen. Sie sind voller Kraft, jedoch immer elegant und geschmeidig, vorsichtig und bedächtig, aber zugleich kompromisslos und souverän. Gleichzeitig wirken sie friedlich und verspielt, liebevoll und manchmal verschmust, dabei aber unbändig und unzähmbar wild. So viele vermeintlich unvereinbare Eigenschaften stecken in einem Wolf.

Ich beobachte sie genau. Jeder Blick, jede Bewegung hat eine Bedeutung. Diese lautlose Wolfssprache ist mit der Hundesprache nicht vergleichbar. Die Wolfssprache kann viel feiner und differenzierter sein. Ein Wolf teilt seine Gefühle, Emotionen, Stimmungen und Absichten nur mit einem bestimmten Gesichtsausdruck oder mit einem Blick mit. Ganz anders als der Hund mit seinem vielfältigen Gebell und Gekläff.

Weil ich nicht nur körperlich, sondern mit all meinen Sinnen und mit meiner Seele bei den Wölfen bin, kann ich auch Signale wahrnehmen, die einem außenstehenden Beobachter wahrscheinlich verborgen bleiben. Erst durch das Zusammenleben mit den Wölfen habe ich gelernt, ihre differenzierte Sprache zu verstehen und für mich zu entschlüsseln. Ich habe begriffen, dass Bücher und die

Ein Mensch unter Wölfen: Nur gegenseitiges Vertrauen zwischen den Tieren und Tanja Askani ermöglicht diese ungewöhnliche Nähe.

Beobachtung aus der Entfernung allein zu einem tieferen Verständnis des Wolfes und der Wolfssprache nicht ausreichen. An der innigen Beziehung zwischen meinen Wölfen und mir möchte ich Sie, meine Leserinnen und Leser, ein Stück weit teilhaben lassen.

Als Mensch unter Wölfen

In der Nähe der Wölfe ist meine heile Welt, die Realität bleibt draußen, scheint weit weg. Hier vergesse ich alle Sorgen, der Alltagsstress wird auf später verschoben. Hier bei ihnen, wo ein respektvoller, fast religiöser Friede herrscht, fühle ich mich wohl. Ich bin eine von ihnen, mit den Wölfen verbündet und ihren Gesetzen unterworfen.

Natürlich wissen alle drei, dass ich kein richtiger Wolf bin. Ich würde die Wolfsintelligenz sehr unterschätzen, wenn ich sie vom Gegenteil überzeugen

wollte. Aber durch die enge Beziehung zwischen mir und den Wölfen bin ich in ihr Leben einbezogen. Je nach Situation werde ich von ihnen »nach Wolfsart« entweder als Kumpel, als Rudelmitglied oder manchmal auch als Konkurrenz wahrgenommen. Starke emotionale Bindungen sind spürbar.

Bei einem interessanten Experiment konnte ich erfahren, wie unterschiedlich die Reaktionen der Wölfe auf mich unter verschiedenen Bedingungen sein können. Ein Professor, der sich schon seit Jahren mit alten Jagdtechniken beschäftigt, führt bei uns im Wildpark Lüneburger Heide ein Experiment durch, bei dem untersucht wird, wie zum Beispiel Wisente, Elche oder Rothirsche reagieren, wenn man sich ihnen in Verkleidung eines Raubtiers oder eines Huftiers nähert, so wie sich unsere Vorfahren, die Eiszeitjäger, oder spätere Naturvölker mit entsprechenden Fellen tarnten, um in die Nähe eines Beutetiers zu kommen. Zu diesem Zweck bringt er verschiedene präparierte Tierfelle mit. Aus Neugier leihe ich mir das Fell eines Hirschs, ziehe es mir über den Kopf und krabble auf allen vieren ins Wolfsgehege. Obwohl mich alle drei Wölfe sofort erkennen, verursacht dieser optische Reiz ein ganz neues Verhalten mir gegenüber. Anstatt einer Begrüßung laufen sie etwas verunsichert im Kreis um mich herum, wobei sie immer einen Sicherheitsabstand von etwa fünf Metern halten. Sobald ich meinen Kopf mit dem Hirschgeweih nach unten bewege, so wie es der Hirsch zu seiner Verteidigung tut, springen sie sofort zurück und vergrößern den Abstand zu mir.

Der wölfische Urinstinkt ist erwacht. Obwohl sie in Gefangenschaft geboren sind, erkennen sie sofort, dass ein Geweih eine tödliche Waffe sein kann. Das instinktive Wissen, dass von einem gesenkten Hirschgeweih eine Gefahr ausgeht, ist stärker als das Wissen, dass ich mich unter dem Hirschfell verberge. Diese angeborene Vorsicht steckt ihnen viel tiefer im Blut als die Gewissheit, dass ich gar kein Hirsch bin. Als ich aufstehe, springen sie sofort zu mir und untersuchen neugierig das Fell. Meine aufrechte Position ist für sie das Signal, dass die »Hirschgefahr« vorbei ist. Um das Fell zu retten, muss ich mich schnell aus dem Gehege flüchten.

Nach dieser Erfahrung kann ich einem weiteren Versuch nicht widerstehen und leihe mir ein Wolfsfell aus. Die Spannung ist groß, es ist fast eine Mutprobe für mich. Wie werden die Wölfe jetzt reagieren? Werden sie in mir einen fremden Wolf, einen Eindringling sehen? Mit dem Wolfsfell über dem Rücken krieche ich ins Gehege, und schon kommen sie alle im Galopp herbeigerannt. Aber statt

Gemeinsames Heulen stärkt den Zusammenhalt zwischen Mensch und Wolf.

eines Angriffs erwartet mich eine stürmische Begrüßung nach Wolfsart. Sie stupsen mich mit der Nase, lecken mein Gesicht unter der Wolfsmaske, wedeln heftig mit dem Schwanz und hüpfen vor Freude. Die überfreundlichen und unterwürfigen Gesten mir gegenüber nehmen kein Ende – als wollten sie mir sagen: »Endlich siehst du wie eine von uns aus!«

Solch ein Begrüßungsritual steht mir normalerweise nur am Anfang eines Besuchs bei meinen Wölfen zu. Da ich aber schon über eine halbe Stunde im Gehege bin und sie mich als Mensch bereits begrüßt haben, muss mein Wolfsaussehen für sie etwas was ganz Besonderes sein.

Paarungszeit

Die Abendsonne versinkt hinter dem Horizont. Feine Schneeflocken rieseln pausenlos herab, bis sie mit ihrem strahlenden Weiß allmählich alle alten Spuren zugedeckt haben. Es wird kälter. Noch immer stehe ich regungslos unter der alten Fichte, und meine Hände suchen tief in den Taschen nach etwas Wärme. Dabei lasse ich die Wölfe nicht aus den Augen, und meine Gedanken sind bei ihnen.

Etwas mehr Aufmerksamkeit als sonst schenke ich heute meiner Wölfin Flocke. Sie bleibt auch mehr als sonst in meiner Nähe, als würde sie ahnen, dass uns eine schwere Zeit bevorsteht. In kurzen Abständen springt sie immer wieder an mir hoch und legt ihre Pfoten auf meine Schulter. Dabei stupst sie mich mit ihrer Nase

Während der Ranzzeit sind die Partner fast unzertrennlich.

an, leckt mir leicht über das Gesicht und knabbert zärtlich an meinem Ohr. Dann lässt sie sich wieder auf alle viere fallen und stemmt sich regelrecht mit ihrem Rücken gegen meine Beine. Ich kraule sie zwischen den Ohren, und sie genießt mit halb geschlossenen Augen meine Streicheleinheiten.

Es ist Ende Januar, die Paarungszeit steht vor der Tür. Die Tage werden länger, und die zunehmende Helligkeit regt die Bildung von Sexualhormonen an, die den Paarungstrieb auslösen. Die Wirkung des Hormons, das in winzigen Mengen in den Kreislauf ausgeschüttet wird, ist gewaltig: Die Ranzzeit beginnt. Und ich weiß, dass ich vielleicht schon ab morgen aus diesem Grund das Wolfsgehege nicht mehr betreten darf. Dann wird Flocke ihrem Instinkt folgen, dem Instinkt, der ihr sagt, dass nur die zwei Besten und Stärksten im Rudel für Nachwuchs sorgen dürfen. Die Natur hat da offenbar eine Reihe von Kontrollmechanismen eingerichtet. Nur die Alphawölfin und der Alpharüde werden sich in dieser Zeit paaren, und zugleich passen sie auf, dass dies kein anderes Rudelmitglied tut. Der Grund dafür ist einfach. Wenn in einem frei lebenden Rudel mehrere Wölfinnen gleichzeitig Junge hätten, wäre es unmöglich, alle zu ernähren, und ihre Überlebenschancen würden dadurch verringert. Deswegen gilt im Wolfsrudel eine Art »Geburtenkontrolle«. In der Regel dürfen sich nur die beiden ranghöchsten Tiere paaren, wobei man allerdings schon beobachten konnte, dass in Ausnahmefällen zwei Wölfinnen gleichzeitig Junge warfen. Meistens handelt es sich dann um eine Alphawölfin und eine von ihren Töchtern. Bei uns im Wildpark kam es auch schon vor, dass zwei Timberwölfinnen gleichzeitig Nachwuchs bekommen haben. Allerdings hat dann die ranghöhere Wölfin sofort nach der Geburt alle Welpen zu sich genommen und selbst aufgezogen. Die leibliche Mutter konnte nur hilflos zusehen.

Das Recht des Stärkeren, sich fortzupflanzen, ist nicht ohne Bedeutung. Die Nachkommen des widerstandsfähigsten Elternpaars haben auch genetisch für ihr weiteres Leben die besten Voraussetzungen. So kommt nur ein Wurf zur Welt, dafür werden die Welpen aber dann von allen Rudelmitgliedern geliebt und gehätschelt, mit Nahrung versorgt und verteidigt.

Im Rudel kommt es in der Paarungszeit zu vielen Spannungen und Auseinandersetzungen, die daher rühren, dass unerwünschter Nachwuchs bei anderen Wölfinnen verhindert werden soll, um so die Überlebenschancen der eigenen Welpen zu erhöhen. Vor allem die Alphawölfin ist in dieser Zeit ungenießbar. Der regelrechte Terror und Stress, den sie gegen die anderen Wölfinnen ausübt, ist so groß, dass die devoten Tiere gar nicht erst in Paarungsstimmung kommen. Ich selbst stehe Flocke sehr nahe, zu nahe, um von diesen Auseinandersetzungen im Rudel verschont zu bleiben. Während etwa vier Wochen muss ich meine Wölfe daher allein lassen. Nur so kann ich eine Konfrontation zwischen Flocke und mir verhindern. Ich respektiere dies, auch wenn es für mich nicht einfach ist.

Ein Blick ins Nachbargehege der Timberwölfe während der Ranzzeit bestätigt mir, dass dieses Verhalten völlig natürlich ist. Auch hier gibt die Alphawölfin energisch Bescheid, wer bei den »Flitterwochen« mitmachen darf und wer nicht. Man hört lautes Knurren und furchtsames Winseln, wilde Verfolgungsjagden enden mit dominierenden Gesten der Alphawölfin und unverwechselbaren Unterwerfungsgesten auf der Seite der zweiten Wölfin.

Obwohl ich in der Literatur nachgelesen habe, dass die Alphawölfin im Grunde nichts dagegen hätte, sich auch mit dem in der Rangfolge zweithöchsten Rüden zu paaren, konnte ich mehrmals beobachten, dass unsere Timberalphawölfin klare Vorstellungen hat, wer ihr Partner sein soll. Der rangniedrigere Rüde hatte mehrmals die Unaufmerksamkeit des Alpharüden ausgenutzt, war dabei aber nie erfolgreich gewesen. Die Alphawölfin hatte zwar zuerst auf seine Annährungsversuche mit Spiel reagiert, als es aber

ernst wurde, ging sie sofort in Abwehrstellung. Meistens endete es mit Unterwerfungsgesten auf Seiten des Rüden und einem angedeuteten Kehlbiss auf der Seite der Wölfin, alles begleitet von lautem Knurren und ängstlichem Winseln.

Oben: In der Paarungszeit hört man die Wölfe auch tagsüber heulen.

Linke Seite: Austausch von Zärtlichkeiten.

Leben im Rudel

In der Wildnis besteht ein Wolfsrudel aus zwei oder drei Generationen, meistens einem Elternpaar und Jungtieren aus den vorherigen Jahren. In einem solchen Familienverband sind die Rollen klar verteilt, das dominante geschlechtsreife Paar hat in der Hierarchie des Rudels automatisch die höchste Stellung. Im Gegensatz dazu bestehen fast alle Wolfsrudel in Gefangenschaft aus älteren Tieren, die zwangsläufig über Jahre zusammenleben müssen, was nur in Verbindung mit heftigen Machtkämpfen möglich ist. Deswegen ist der Verlauf der Paarungszeit bei Gehegewölfen mit deutlich mehr Aggressionen verbunden, als dies in freier Natur der Fall wäre. Das Ritual wiederholt sich jedes Jahr um diese Zeit. Danach ist aber alles wieder wie früher, der Frieden ist wiederhergestellt.

Ich habe zwar mehrmals den Ratschlag erhalten, mich bei meinen Wölfen einfach mit Gewalt durchzusetzen, um meine Position im Rudel zu behaupten – aber welche Position eigentlich? Warum soll ich dem Wolf zeigen, wer hier der Stärkere ist und wer das Sagen hat? Als Rudelmitglied hat man bekanntlich nicht nur Rechte, sondern auch Pflichten. Die Grundvoraussetzung wäre dann, dass ich den ganzen Tag bei meinem Rudel bin und am alltäglichen Leben teilnehme. Wenn man nicht in der Lage ist, diese einfachste Voraussetzung zu erfüllen, sollte man auch nicht nach Rechten fragen. Ich bin der Meinung, dass ich keine Berechtigung habe, mich so stark ins Rudelleben einzumischen. Warum sollte ich einer Alphawölfin zeigen, dass ich die Stärkere bin? Sie ist es doch, der diese Position zusteht. Sie hat sich diesen Platz im Rudel erkämpft und verdient, sie soll ihn auch behalten. Was hätte es für einen Sinn, mich in der Paarungszeit durchzusetzen und die ganze Rudelstruktur durcheinander zu bringen? Nur weil ich

Ernst gemeinte Angriffe können ohne Vorwarnung erfolgen.

mich als Mensch, als »Herr der Schöpfung« ohne Respekt dem anderen Wesen gegenüber, durch das natürliche Wolfsverhalten verletzt fühle? Reiner Egoismus. Ich bin überzeugt davon, dass ich mit einem solchen Verhalten die besondere Beziehung zwischen Flocke und mir endgültig zerstört hätte. Unsere Gemeinschaft ist nicht nur auf gegenseitiger Liebe, Vertrauen und Verständnis, sondern vor allem auch auf gegenseitigem Respekt aufgebaut, meinem Respekt vor einem wunderbaren Wesen. Es benötigt viel Fingerspitzengefühl zu wissen, wie weit man gehen kann und was man sich erlauben darf, ohne gegen die Gesetze der Natur zu verstoßen. Mit meiner Einmischung hätte ich Flocke kurzfristig um ihre Position im Rudel gebracht. Damit hätte ich sie gezwungen, diese immer wieder aufs Neue behaupten, immer wieder an die Spitze zurückkehren zu müssen. Dabei handelt es sich um den ganz natürlichen Drang, der oder die Beste zu sein und dies auch zu beweisen. Mit hoher Wahrscheinlichkeit hätte Flocke nach einer solchen Auseinandersetzung abgewartet, bis sie irgendwann später eine Schwachstelle bei mir gefunden hätte, um sich vor ihrem Rudel wieder zu behaupten. Und das hätte mit Sicherheit auch geklappt, ein Mensch hat ja genügend Schwachstellen.

Es gibt kein Muster, wie man sich einem Wolf gegenüber verhalten sollte. Man darf nicht vergessen, dass jeder Wolf eine starke Persönlichkeit hat und jeder einzigartig ist, ein Individuum mit seinen besonderen Stärken und Schwächen und einem ganz eigenen Charakter. Gerade die Unterschiede zwischen den einzelnen Tieren ermöglichen es ihnen, eine perfekte Gemeinschaft zu bilden. Zum Beispiel kann der eine Wolf besser riechen als der andere und so schneller Beute ausfindig machen. Ein anderer wiederum hat mehr Ausdauer und kann das entdeckte Tier am längsten verfolgen, und ein dritter Wolf ist besonders erfahren in der Jagd und kann die Beute aus dem Hinterhalt mit Erfolg überraschen. Es gibt neugierige, erfinderische, zurückhaltende und schüchterne Wölfe und Wölfe mit großem Durchsetzungsvermögen. Die verschiedenen Mentalitäten der Rudelmitglieder sind für die Bildung einer Zweckgemeinschaft von Vorteil. Jeder Wolf ist mit seinem Charakter, seinen Eigenschaften und Erfahrungen wie ein Teil eines Puzzles. Nur gemeinsam mit allen ihren Schwächen und Stärken können sie eine harmonische, überlebensfähige Gemeinschaft bilden, das Wolfsrudel, in dem jedes Mitglied nach Hierarchie und Rangfolge seine Aufgaben hat.

Vier Grundbedürfnisse haben sie aber alle gemeinsam. Sie müssen die Möglichkeit haben, ihren enormen Familiensinn und ihr Zusammengehörigkeitsge-

fühl im Rudel auszuleben. Man könnte dies ihr Bedürfnis nach Liebe nennen. Weiter brauchen sie die Freiheit. Als Individualist muss jeder die Möglichkeit haben, selbständig Entscheidungen zu treffen. Das dritte Bedürfnis ist der Drang nach Anerkennung. Durch andere Rudelmitglieder bestätigt zu werden ist für Wölfe von großer Bedeutung. Nicht weniger wichtig ist schließlich das Spiel. Dadurch werden Spannungen im Rudel abgebaut, der Zusammenhalt gefestigt, und die Jungtiere lernen spielend das Wichtigste fürs Leben. Diese Grundbedürfnisse sind für Mensch und Wolf wie für alle intelligenten Lebewesen die gleichen. Sie unterscheiden sich allein in der Form ihrer Ausprägung und in der Art und Weise ihrer Verwirklichung.

Es dämmert, und meine Füße fühlen sich langsam wie Eiszapfen an. Der Park ist menschenleer geworden. Ich höre, wie das Auto des letzten Besuchers den Parkplatz verlässt. Die Motorengeräusche werden immer undeutlicher, bis sie irgendwann ganz in der Ferne verklingen. Die Stille kehrt zurück. Alle drei Wölfe stehen nebeneinander und schnuppern noch einmal kurz mit hochgehaltenem Kopf in die frostige Luft. Dann rollen sie sich im frischen Schnee mitten im Gehege Rücken an Rücken dicht zusammen und ruhen. Die Schneeflocken rieseln weiter und bedecken nach und nach die schlafenden Wölfe, bis sie mit der verschneiten Umgebung ganz verschmelzen. Ihr dicker Winterpelz lässt keine Wärme nach außen dringen, deshalb bleibt auch die Schneedecke auf und rund um ihre Körper unversehrt. Ich bleibe noch eine Weile bei ihnen, bevor ich mich endlich lösen kann, und gehe.

Flocke

Die Geschichte der Wölfe auf dieser Erde begann vor etwa fünfzehn Millionen Jahren. Damals entwickelte sich das relativ kleine Raubtier Tomarctus – der Urvater der Hundefamilie, zu der Hunde, Füchse, Kojoten, Schakale und auch die Wölfe gehören.

Aufzucht eines Wolfskinds

Meine persönliche Geschichte mit den Wölfen ist wesentlich jünger. Sie beginnt an dem Tag, als mein Mann unerwartet mit einem verwaisten, unterkühlten, drei Tage alten Wolfskind bei uns zu Hause auftaucht. Im Wolfsgehege des Wildparks, in dem wir arbeiten, spielte sich eine Tiertragödie ab. Die Mutter des Wölfchens und seine beiden Geschwister sind bereits kurz nach der Geburt gestorben, und die einzige Überlebende ist die kleine Wölfin. Da sie so winzig und leicht ist und eines Tages weißes Fell bekommen wird, taufen wir das Wollknäuel auf den Namen Flocke. Es beginnt ein Kampf um ihr Überleben. Die Wolfsmutter musste schon längere Zeit tot gewesen sein, denn der Welpe ist so geschwächt, dass er nicht einmal einen Saugreflex hat. Als ich seine Nackenhaut anhebe, bleibt sie stehen wie ein gefaltetes Stück Papier. Das bedeutet, dass der Körper des Wölfchens durch den Nahrungsmangel völlig ausgetrocknet ist. Immer wieder versuche ich, dem Welpen ein paar Tröpfchen Aufzuchtmilch für Hunde einzuflößen. Es gelingt zwar, aber kurz danach stelle ich fest, dass die kleine Wölfin die Ersatzmilch nicht verträgt. Sie bekommt Durchfall, was in dieser Situation für sie lebensbedrohlich ist.

Oben und linke Seite unten: Die junge Polarwölfin mit ihrer Adoptivmutter, der Deutsch-drahthaar-Hündin Senta.

Linke Seite oben: Die fünf Wochen alte Flocke spielt mit allem, was sie findet.

Stunde für Stunde massiere ich den kleinen Körper, um die Verdauung und den Kreislauf anzuregen. Sie bekommt Elektrolyten, Vitamine und Aufbauspritzen. Trotzdem wird sie immer schwächer. Als ich schon völlig mutlos damit rechne, dass sie mir unter den Händen wegsterben wird, bemerke ich, dass unsere Jagdhündin Senta scheinträchtig ist. Das heißt, ihr Körper produziert Milch, obwohl sie selbst keine Welpen hat. Diese Fähigkeit hat der Hund von seinen Vorfahren, den Wölfen, geerbt. Im frei lebenden Wolfsrudel bekommt in der Regel nur die Alphawölfin Nachwuchs. Wenn eine Mutterwölfin stirbt, übernimmt eine andere Wölfin aus dem Rudel ihre Rolle und sorgt für die Jungen. So bleibt die Erhaltung der Art gesichert.

Eine Hündin als Ersatzmutter

Senta ist jetzt Flockes letzte Chance. Tröpfchenweise melke ich der Hündin die Milch ab und verabreiche sie dem Wolfsbaby mit einer Pipette. Ich weiß, dass ich seinen geschwächten Magen nicht zu stark belasten darf, daher bekommt sie immer nur ganz kleine Mengen. Damit sie dennoch die lebenswichtige Tagesration erhält, füttere ich Flocke jede halbe Stunde. So verbringe ich die ersten zwei Tage und Nächte abwechselnd mit »Hundmelken« und Wolfsbabyfüttern. Bald zeigen sich erste Erfolge. Langsam erwacht Flocke aus ihrer Apathie. Ihr Durchfall verschwindet, und ihr Saugreflex kehrt zurück. Mit meiner Hilfe kann sie jetzt sogar

Bei jedem Jungtier ist Spielen eine Vorbereitung auf das weitere Leben.

direkt bei der Hündin trinken, wobei ich sie vor und nach jeder Mahlzeit wiege, um eine genaue Kontrolle über die Nahrungsmenge zu haben. Die Jagdhündin lässt alles geduldig über sich ergehen. Doch als ich das Wölfchen zu ihrer Schnauze hinschiebe, wendet sie sich ab. Senta hat noch nie eigene Welpen gehabt. Trotz ihrer Scheinträchtigkeit haben sich bei ihr keine Muttergefühle eingestellt. Nicht einmal das Beträufeln des kleinen Wolfes mit ihrer Milch kann sie umstimmen. Erst einige Tage später kommt es zu einer positiven Wendung. Ich sitze wie schon oft in diesen Tagen mit den beiden auf dem Boden, um Flocke bei ihrer Mahlzeit zu assistieren. Da plumpst das Wolfsbaby mit seinem vollen Bauch auf die Seite und fängt laut zu winseln an. Senta zuckt zusammen. Sie richtet die Ohren auf und beschnuppert das Kleine vorsichtig. Als Flocke noch einmal fiept, ist es um Senta geschehen. Ihre Muttergefühle sind erwacht. Heftig drängt sie ihren Leib an das Wölfchen und leckt es so intensiv, dass ich schon fürchte, sie würde es ersticken. Die nächste Nacht verbringe ich mit den beiden zusammen auf dem Fußboden, um sie unter Kontrolle zu haben. Bald bin ich überzeugt: Senta hat sich endgültig entschlossen, das Wolfskind zu adoptieren. Von diesem Tag an weicht sie dem Wölfchen nicht mehr von der Seite. Sie ist rund um die Uhr bei ihm, sie säugt es, beschützt und wärmt es, leckt es und hält es sauber. Das ist sehr praktisch, da mir Senta damit einen großen Teil der Sorgen abnimmt. Unter ihrer Aufsicht gedeiht Flocke prächtig; sie wächst so schnell, dass man ihr dabei fast zuschauen kann.

Im Vergleich zum Hund entwickelt sich ein Wolf unglaublich schnell. Mit gutem Grund. In knappen sechs Monaten erreicht der Welpe die Größe eines erwachsenen Wolfes. Im Frühjahr geboren, muss er im Herbst das Rudel auf allen Streifzügen begleiten.

Ein Hund dagegen kann sich in der Obhut des Menschen mit seinem Wachstum Zeit lassen. Ihm steht keine Härteprüfung in Form des Winters bevor; seine Lebensbedingungen sind unabhängig von der Jahreszeit. Ohne Hungersnot, ohne lange Wanderungen und andere Strapazen kann sich ein Hund an der Seite des Menschen den »Luxus« leisten, sich bis zum Abschluss seiner Entwicklung eine Zeitspanne von bis zu drei Jahren zu gönnen. Sein Herrchen sorgt dafür, dass alle seine lebenswichtigen Bedürfnisse erfüllt werden.

Infolge der Domestikation kann der Hund theoretisch zweimal jährlich Nachwuchs bekommen, denn er muss seine Jungen nicht gegen die rauhe Natur verteidigen. Ein Wolf bekommt seinen Nachwuchs nur im Frühjahr, da dann die besten Voraussetzungen zur Aufzucht von Welpen bestehen. Im Gegensatz zum Wolf ist ein Hund auch schon sehr viel früher reproduktionsfähig. Seine erste Paarungsbereitschaft tritt schon im Alter von sieben bis acht Monaten ein; der Wolf dagegen muss, wenn er auch äußerlich schon lange erwachsen scheint, gut zwei Jahre auf seine Geschlechtsreife warten.

Unbändiger Spieltrieb

Unsere Wölfin entwickelt sich rasend schnell. Ihr Fell wird von Tag zu Tag heller, die Beine länger, der Kopf bekommt langsam eine wolfsgerechte Form, und auch ihre Bewegungen werden geschmeidiger. Sie wird immer kräftiger und unternehmungslustiger. Wie ein kleines Kind braucht Flocke die Aufsicht eines Erwachsenen, um sich bei ihren übermütigen Spielen nicht zu verletzen. Sie spielt mit allem, was ihr vor die Nase kommt. So lernt sie, was für ihr zukünftiges Wolfsleben wichtig ist: Angriff und Verteidigung, Durchsetzungsvermögen und Unterwerfung. Mit Flockes wachsenden Fähigkeiten verändert sich zwangsläufig unser ganzes Haus. Rasch erobert sie das Erdgeschoss. Die Zimmerpflanzen ziehen in rettende Höhe um, und auch Blumenvasen, Tischdecken und andere »Spielzeuge« müssen aus der Reichweite der jungen Wölfin verschwinden. Alles, was Flocke zu fassen bekommt, trägt unverwechselbar die Spuren von ihren Zähnen. Sie dafür zu bestrafen hätte keinen Sinn, denn ihre Zähne sind das wichtigste Mittel, um ihre

Umwelt zu erkunden. Ein gesunder und temperamentvoller Welpe ist in freier Wildbahn der Stolz des ganzes Rudels. Deshalb würde sie es nie verstehen, wenn sie für ihren natürlichen Spieltrieb bestraft würde.

Mit einem Wolf zu leben bedeutet ständig neue Überraschungen und Herausforderungen. Es reicht eine kleine Unaufmerksamkeit, und in weniger als einer Viertelstunde sind alle weichen Teile von unserem nagelneuen Fahrrad abmontiert, vom Sattel über die Kabel bis hin zu den Reifen. Auch auf unserem Grundstück hinterlässt die junge Wölfin unübersehbar ihre Spuren, wobei sie über Gartengestaltung ihre eigenen Vorstellungen zu haben scheint. Der englische Rasen ist in kürzester Zeit von tiefen Löchern übersät, die sie sich buddelt, um darin ihre Schätze zu verstecken. Jede Bewegung eines Grashalms oder eines Blütenblatts ist für sie eine Aufforderung zum Spielen. Ausdauernd lauert sie den Grasbüscheln auf, springt dann zu, schnappt und schüttelt sie wie eine Beute. Und so verwandelt sie unseren ursprünglich grünen Garten nach und nach in eine Erdwüste.

Oben: Spaziergänge außerhalb des Geheges sind für Flocke das größte Glück.

Unten: Ein wenig erschöpft, aber zufrieden kehrt Flocke in ihr Gehege zurück.

Nachdem die Koikarpfen in unserem Gartenteich Flockes Jagdinstinkt geweckt haben, sind wir gezwungen, mit einem Stromzaun eine Sicherheitszone zu schaffen. Inzwischen hält sich Flocke auch nachtsüber draußen auf; die für sie vorgesehene Hundehütte benutzt sie nie. Am liebsten schläft sie in der Mitte des Gartens unter freiem Himmel. Von dort aus kann sie das Geschehen, ob hinter dem Holzzaun oder im Haus, genau verfolgen.

Als sich unsere Wölfin irgendwann selbst beibringt, die Haustür zu öffnen, kommt sie eines Nachts ins Haus und verwüstet das Erdgeschoss, während wir schlafen. Deshalb bringen wir nun auch an der Tür Stromdrähte an, ebenso an den Fenstern und am Gartentor. Langsam ähnelt unser Grundstück einer uneinnehmbaren Festung.

Von Anfang an ist uns klar, dass Flocke nicht für immer bei uns bleiben kann. Obwohl der Wolf der Stammvater des Hundes ist, haben die beiden nur wenige Gemeinsamkeiten. Der Hund ist über Generationen vom Menschen abhängig geworden und bevorzugt ihn als seinen Gefährten. Der Wolf dagegen braucht keine Menschen, um zu überleben, und fühlt sich am wohlsten unter seinesgleichen. Nicht einmal Flockes Adoptivmutter Senta könnte auf Dauer ein Wolfsrudel ersetzen. Um Flocke möglichst gut auf ihr weiteres Leben vorzubereiten, nehme ich sie jeden Tag mit in den Wildpark. Später soll sie dort leben, und ich möchte,

dass sie sich schon im Welpenalter an die Besucher und die fremden Gerüche und Geräusche gewöhnt.

Die kurze gemeinsame Fahrt im Auto wird mit der Zeit zur Qual. Flocke lernt umgehend, sich blitzschnell auf den Autositzen zu bewegen. Mit ihren kräftigen Zähnchen und ihren scharfen Krallen zerstört sie während der Fahrt Teppiche, Sicherheitsgurte und Fensterdichtungen aus Gummi. Mit großer Ausdauer versucht sie alles, was irgendwie vom Armaturenbrett absteht, abzubeißen. Das scheint ihr in diesem Moment viel interessanter als die Spielzeuge und Kauknochen, die ich ihr extra als Ablenkung während der Fahrt gekauft habe. Ich muss Flocke im hinterem Teil des Autos festbinden, um einigermaßen verkehrssicher fahren zu können.

Jeden Nachmittag gehe ich mit Senta und Flocke ein paar Stunden spazieren. Auf dem kurzen Weg durchs Dorf muss Flocke angeleint bleiben, denn es gibt hier Hühner, Gänse und Katzen, und ich weiß, wenn ein Wolf von Neugier und Jagdfieber gepackt wird, kann man ihn nicht mehr zurückrufen. Außerdem könnte auch der Straßenverkehr für Flocke gefährlich werden.

Erst im Wald lasse ich sie ohne Leine laufen. Hier kann sie ihre Freiheit voll genießen. Vor allem an heißen Tagen springt Flocke voraus, um als Erste am Ufer der Aue zu sein. Sie liebt es, in dem seichten Wasser des Flusses zu planschen. Selbst nach längerer Zeit ist sie kaum zu bewegen, den Fluss zu verlassen, um mir weiter zu folgen. Im Wald treffen wir auch immer wieder auf Spaziergänger, Pilzsammler oder Reiter. Ein wilder Wolf hätte einen großen Bogen um jeden Menschen gemacht, nicht so unsere Flocke. Einmal muss ich sie von einer Picknickdecke herunterzerren, das nächste Mal kommt sie mir mit einem Kopfkissen zwischen den Zähnen entgegen. Der Jogger, dem Flocke spielerisch die kurzen Hosen herunterzuziehen versuchte, ist auch nicht gerade begeistert von dieser Begegnung. Zum Glück kommt keiner der Beteiligten auf die Idee, dass dieser niedliche Welpe ein Wolf sein könnte.

So vergeht der Sommer wie im Flug, und es nähert sich der Tag, an dem Flocke uns verlässt, um in ihr Gehege umzuziehen. In diesen paar Monaten ist uns die Wölfin sehr ans Herz gewachsen. Bei ihrem Umzug hat unsere ganze Familie mit Tränen zu kämpfen, aber keiner von uns will ihr das Recht auf ein Wolfsleben vorenthalten.

Von der Menschenfamilie zur Wolfsgesellschaft

Von nun an teilt sich Flocke ihr neues Zuhause mit Prinz, einem jungen Wolfsrüden aus dem Berliner Zoo. Prinz ist im Wolfsrudel aufgewachsen und nicht auf Menschen geprägt. Eine solch enge Beziehung zwischen Wolf und Mensch, wie sie zwischen Flocke und mir besteht, kann nur zustande kommen, wenn man einen noch sehr jungen Wolf der Mutter wegnimmt und ihn bei Menschen aufwachsen lässt. Obwohl Prinz in Gefangenschaft geboren ist und die Besucher und Tierpfleger kennt, besteht zwischen ihm und dem Menschen eine unsichtbare Barriere. Von Neugier getrieben traut er sich nach kurzer Zeit, sich mir bis auf einige Meter zu nähern. Sobald ich mich aber bewege, gewinnen seine angeborene Furcht und der Respekt vor dem Menschen die Oberhand, und er verschwindet mit eingezogenem Schwanz wieder in die hinterste Ecke des Geheges.

Obwohl Flocke und Prinz ziemlich schnell Freundschaft schließen, scheint meine Wölfin unseren früheren intensiven Kontakt sehr zu vermissen. Jedes Mal, wenn ich sie im Gehege besuche, begrüßt sie mich so heftig, dass ich hinterher froh bin festzustellen, dass meine Ohren und meine Nase unbeschadet blieben. Sie springt mit voller Wucht an mir hoch, um mir zur Begrüßung nach Wolfsart einen wölfischen »Kuss« zu geben. Wenn sie dabei mein Gesicht erwischt, fühlt es sich an, als ob ich im Boxring stünde und vom Gegner gerade k. o. geschlagen würde. Meine blutende Nase versuche ich danach, von den anderen Besuchern möglichst unbemerkt, mit einem Taschentuch abzuwischen. Wenn man mit Blut verschmiert aus einem Wolfsgehege kommt, ist es schwierig, jemandem zu erklären, dass dies nur Spuren eines wölfischen Liebesbeweises sind. Prinz steht hinter einem Baum

Flocke in ihrem Element. Zufrieden trabt sie durch den hohen Schnee.

und beobachtet das Ganze aus sicherer Entfernung. Er kann sichtlich die ganze Aufregung der Wölfin nicht verstehen.

Manchmal nehme ich Senta und Flocke an die Leine, und wir machen wie in alten Zeiten unseren gemeinsamen Spaziergang. Jedes Mal wird die Hündin von der jungen Wölfin stürmisch begrüßt. Winselnd leckt sie Sentas Schnauze, wedelt heftig mit dem Schwanz und umtanzt sie unbändig mit eingeknickten Beinen und freundlich angelegten Ohren. Sie macht sich klein und zeigt der Hündin ihre Unterwürfigkeit und Ergebenheit. Die heftig ausgedrückte Wiedersehensfreude scheint der alten Hündin eher unangenehm zu sein. Leise knurrt sie Flocke an und weicht dabei mit ihrem Kopf den Annäherungsversuchen aus. Doch ihre Drohgesten schrecken die Wölfin nicht ab. Im Gegenteil, sie versucht ihre Unterwerfung noch deutlicher zum Ausdruck zu bringen.

Wir laufen los. Es dauert etwa zehn Minuten, bis wir das Gelände außerhalb des Parks erreichen, wo ich sie frei laufen lasse – Flockes größtes Glück.

Von weitem hört man das verzweifelte Heulen ihres verlassenen Gefährten Prinz in seinem Gehege. In die Menschensprache übersetzt heißt der Ruf: »Flocke, wo bist du? Wenn du mich hörst, gib eine Antwort!« Obwohl sich Flocke mit Prinz ganz gut versteht, antwortet sie ihm nie. »Eine Verräterin«, denke ich mir. Obwohl sie ihn eigentlich hören muss, sieht sie nicht einmal in seine Richtung. Sie ist einfach nur froh, dass sie in diesem Moment nicht da sein muss, wo er ist, eingesperrt in einem Gehege. Die Sehnsucht nach Bewegung und Weite ist größer. Sie genießt ihre Freiheit, tobt ohne Ende, springt Senta hinterher und wälzt sich in irgendwelchem Unrat, der dann das besondere »Wolfsparfüm« ergibt. Die meiste Zeit bleibt sie mit mir in Sichtkontakt. Hat sie sich aber etwas weiter von mir entfernt, reicht es, wenn ich meine Hundepfeife benutze. Flocke bemerkt sehr schnell, dass sich Senta nach einem einzigen Pfiff sofort umdreht und zu mir rennt. Und so ist Flocke, wenn ich pfeife, meistens schneller bei mir als die Hündin. Nicht weil sie so gut gehorcht, sondern weil sie neugierig ist, aus welchem Grund es Senta so eilig hat, zu mir zu kommen.

Jagdtrieb

Ein Wolf kann in vollem Lauf eine Geschwindigkeit von bis zu sechzig Stundenkilometern erreichen.

In dem Gelände sind mehrere Fischteiche. An einem der Ufer haben die Fischzüchter ein offenes Gartenhaus errichtet. Bald hat Flocke entdeckt, dass sich dort immer etwas zum Spielen findet. Kaum von der Leine kommt sie schon mit Arbeitshandschuhen, Gartenschlauch, Plastikeimer oder einem Gummistiefel angerannt.

Als Senta einmal auf einem der Teiche ein Wildentenpärchen erspäht, springt sie, wie es sich für einen Jagdhund gehört, ins Wasser und schwimmt ihm mit aufgeregtem Bellen hinterher. Die Enten nehmen es gelassen und paddeln ganz gemütlich zum anderen Ufer. Obwohl Flocke noch nie in einem Rudel gejagt hat, reagiert sie sofort auf wölfische Art. Sie prescht leise vor, um die Enten auf der andere Seite des Teiches zu überraschen. Dass diese auch fliegen können, das hatte sie bis dahin nicht gedacht!

Flocke hat auch noch einen anderen Spaß entdeckt. Gleich hinter den Teichen lebt eine kleine Population von Wildkaninchen. Gibt es etwas Schöneres als einem Kaninchen hinterherzujagen? Als Flocke zum ersten Mal solch ein flüchtendes Tier bemerkt, fährt mir der Schrecken in die Glieder: Jetzt läuft sie bestimmt davon. Und das tut sie auch. Aber es dauert keine Minute, bis sie ziemlich enttäuscht wieder zurück ist. Das erfahrene Kaninchen hat Flocke schnell abgehängt und ist wahrscheinlich gleich im ersten Bau verschwunden.

Wir laufen wieder zurück. Die letzten hundert Meter wird Flocke immer langsamer. Ihr Gefährte Prinz bemerkt sie schon von weitem. Er winselt erfreut, wedelt mit dem Schwanz und springt aufgeregt am Zaun des Geheges entlang. Doch auch dieser Liebesbeweis lässt Flocke kalt, sie guckt nicht einmal in seine Richtung. Stattdessen beschnuppert sie weiter jeden Quadratzentimeter Erde, jeden Grashalm, jeden Ast und versucht dabei geschickt dem Weg auszuweichen, der sie zu ihrem Gehege zurückführen soll.

Mit der Zeit wird sie lernen, dass dies ihr Zuhause ist und dass die menschliche Gesellschaft ihr das Leben im Wolfsrudel nicht ersetzen kann.

Cheenook

Eines Tages passiert im Gehege ein tragischer Unfall. Prinz, der junge Wolf aus dem Berliner Zoo, bricht sich beim Spielen ein Beingelenk. Die Verletzung ist so schwer, dass er eingeschläfert werden muss. Wir können nichts mehr für ihn tun. Zur Trauer über den Tod des jungen Wolfes kommt die Ratlosigkeit hinzu, was nun mit Flocke passieren soll. Zum ersten Mal in ihrem Leben ist sie allein, eine Situation, die wir die ganze Zeit zu vermeiden versuchten. Gibt es etwas Schlimmeres für einen Wolf als die Einsamkeit?

Wir müssen für sie einen neuen, passenden Gefährten finden, und zwar schnell. Da nur wenige deutsche Tierparks Polarwölfe besitzen, ist die Chance allerdings gering. Doch der Zufall hilft mit. Ich höre von einer nicht weniger traurigen Begebenheit, die sich kurz zuvor in Bayern zugetragen hat. Dort hält ein Bekannter seit Jahren ein zahmes Polarwolfspärchen in einem Gehege. Die Wölfin war vor kurzem ausgebrochen und von der Polizei erschossen worden. Ich rufe ihn an und frage, was er nun mit seinem einsamen Wolf vorhat, der wohl genauso unglücklich durch sein Gehege schleicht wie unsere Flocke. Ob man die beiden nicht zusammenbringen sollte? Er stimmt meinem Vorschlag zu.

Wir fahren sofort los, und ein paar Stunden später haben wir den siebenjährigen Cheenook im Auto, verpackt in eine Transportkiste. Das Unterfangen, zwei erwachsene Tiere zusammenzuführen, ist nicht ganz ohne Risiko. Niemand kann im Voraus sagen, ob sich die zwei einsamen Wölfe auch vertragen werden.

Ein neuer Wolf »in der Familie«

Kaum ein anderes Säugetier hat ein so ausgeprägtes Sozialverhalten wie der Wolf. Trotzdem ist nicht gesagt, dass sich zwei fremde Wölfe akzeptieren. Ein unbekannter Wolf wird von dem »einheimischen« in seinem Revier als Eindringling betrachtet und nicht geduldet. Wenn sich die beiden nicht vertragen sollten, müssten wir den Wolfsrüden wieder zu seinem Besitzer zurückbringen. Glücklicherweise ist Cheenook der ruhigste, sanfteste Polarwolf, den ich je gesehen habe. Ein Schaf im Wolfspelz! Als Flocke, die wir beim ersten Kontakt im Gehege vorsichtshalber an der Leine halten, die Zähne fletscht, leckt er ihr einfach freundlich über die Schnauze. Daraufhin verhält auch sie sich friedlich. Es ist kaum zu glauben, wie schnell die beiden Freundschaft schließen. Schon am zweiten Tag sehe ich sie im Gehege dicht beieinander liegen.

Mir und allen anderen Menschen gegenüber ist Cheenook auch weiterhin sehr misstrauisch. Wenn ich das Gehege betrete, hält er einen sicheren Abstand. In dieser Zeit verbringe ich jede freie Minute bei den Wölfen und merke, dass Cheenook, von seiner Neugier getrieben, sich immer näher und näher zu mir traut. Es dauert noch ein paar Tage, bis ich ihn anfassen und streicheln darf.

In dieser Zeit verzichten wir, wenn auch schweren Herzens, auf unsere regelmäßigen Spaziergänge mit Flocke. Wir wollen Cheenook nicht allein im Gehege zurücklassen. Deswegen lege ich ihm auch mehrmals am Tag ein Halsband um und übe mit ihm im Gehege das Laufen an der Leine. Bevor ich mich entschließe mit Cheenook einen Spaziergang zu machen, müssen wir uns gegenseitig kennen lernen. Bei einem Ausflug außerhalb des Geheges kann es zu den verschiedensten Situationen kommen. Daher muss ich zuerst sicher sein, dass mir Cheenook voll vertraut und nicht panikartig reagiert. Wenn sich Tiere in die Enge gedrängt fühlen und keine Ausweichmöglichkeit haben, reagieren sie meistens aggressiv. Und es ist klar, wer von uns beiden in diesem Fall die schlechteren Karten hätte.

Cheenook macht jeden Tag sichtbare Fortschritte. Ich bin richtig stolz auf ihn. Es ist für den Wolf bestimmt nicht einfach, aus seinem gewohnten Umfeld in eine

Cheenook erkundet neugierig, aber stets vorsichtig seine neue Umgebung.

fremde Umgebung zu kommen, sich an einen neuen Pfleger, einen neuen Gefährten und einen völlig neuen Tagesablauf zu gewöhnen, und das alles in seinem stolzen Wolfsalter von sieben Jahren.

Erste Freigangversuche unternehmen wir abends, wenn der Park menschenleer ist. Dabei hilft mir meine Tochter Katerina, sie nimmt Flocke an die Leine, ich führe Cheenook. Alles klappt bestens, so dass wir uns bald entschließen, mit beiden Wölfen einen richtigen Spaziergang zu machen.

Gehege und Freiheit

Spazieren gehen – das ist für unsere Wölfe das größte Glück! Alle Spannungen, die sich im Lauf des Tages im Gehege aufgebaut haben, verschwinden dann wie von selbst. Es ist klar, dass auch das größte und schönste Gehege keinen Freigang ersetzen kann. Irgendwann kennt man jeden Stein und jeden Grashalm, und immer nur die Besucher zu beäugen wird auf Dauer langweilig. Oder möchte etwa jemand von uns lebenslänglich mit seinem Partner im Wohnzimmer eingesperrt bleiben? Ein Gehege, auch wenn es noch so großzügig gebaut ist, wirkt auf einen Wolf, der sich nach Freiheit und Weite sehnt, genauso wie ein großzügiger Raum auf uns Menschen. Man kann dort zwar ein paar gemütliche Stunden verbringen, aber nicht auf Dauer leben. Dieses Verhalten kennt auch jeder Hundebesitzer. Egal, wie groß der eigene Garten ist, irgendwann bleibt der Hund auf der Treppe liegen. Sobald er aber sein Herrchen oder Frauchen mit der Leine kommen sieht, gerät er aus dem Häuschen. Hurra, jetzt geht es los, endlich passiert was! Und dieses Verlangen ist bei einem Wolf natürlich unvergleichlich größer.

Bei unseren Spaziergängen mit den Wölfen im Park begegnen wir vielen Familien. Interessant ist, dass man immer wieder die gleichen Reaktionen bei den Kindern und den Erwachsenden beobachten kann. Wenn uns Kinder bemerken, rufen sie schon von weiten spontan: »Schau mal, Mama, da ist ein echter Wolf!«. Für die Eltern ist das unvorstellbar und sie versuchen sofort, ihren Sprössling aufzuklären: »Nein mein Schatz, es ist kein Wolf. Ein Wolf läuft nicht an der Leine!«.

Solche unterschiedlichen Reaktionen sind einfach mit der Entwicklung des menschliches Gehirns zu erklären. Beim Kind im Vorschulalter ist die rechte Gehirnhälfte weiter entwickelt als die linke. Die rechte Hälfte ist unrational, für Emotionen und Intuitionen, Wahrnehmung von Geräuschen, Musik, Launen oder Ein-

Cheenook liebt das freie Laufen; nur schwer ist er zur Rückkehr ins Gehege zu bewegen.

drücken zuständig. Die linke Hälfte dagegen ist rational. Sie steuert unter anderem die Funktionen der Sprache und die logische Überlegung. Erst etwa zwischen dem sechsten und siebten Lebensjahr ist diese soweit ausgereift, dass sie die meisten psychischen Funktionen der bis dahin dominierten rechten Hälfte übernimmt. Jede Anregung wird zwar auch weiterhin mit beiden Hälften gleichzeitig registriert, aber nur eine davon erhält die Informationen komplexer und klarer.

Es ist bekannt, dass kleine Kinder eine ganz andere Sichtweise haben als Erwachsene. Ihre Fähigkeit intuitiv und ohne Vorurteile zu handeln, lassen sie auch in diesem Fall sofort »das Tier an der Leine« als Wolf erkennen.

Auf dem Rückweg vom Seiteneingang ins Parkgelände müssen wir beide Wölfe wieder anleinen. Schnell begreift Cheenook den Zusammenhang: Anleinen heißt zurück ins Gehege. Mit der Zeit wird es immer schwieriger, ihn an die Leine zu nehmen. Er läuft zwar nicht weg, aber er hält sich in einer sicheren Distanz von etwa drei Metern zu mir. Gehe ich einen Schritt auf ihn zu, weicht er sofort einen Schritt zurück. Gehe ich einen Schritt zurück, kommt er wieder einen Schritt näher. Ein tolles Spiel! Endlich bekomme ich ihn zu fassen. Um Cheenook zu überzeugen, dass dies nicht ein Trick ist, um ihn einzusperren, laufen wir noch eine ganze Runde durch den Wildpark. Und es hilft tatsächlich. Ab sofort planen wir uns die Zeit so ein, dass es nach dem Spaziergang ins Grüne immer noch einen Spaziergang im Park gibt. Solange ich diese Regel einhalte, gibt es keine Probleme mehr mit dem Anleinen.

Zurück ins Gehege will Cheenook aber trotzdem nicht. Dass wir jedes Mal einen anderen Weg wählen, hilft zwar, aber leider nur einmal. Beim zweiten Mal

weiß Cheenook schon genau, dass auch dieser Weg zum Gehege führt, und merkt es sich für immer. In kürzerster Zeit kennt er alle Wege im Park, und es wird fast unmöglich, ihn ins Gehege zurückzubringen. Sein unglaublicher Orientierungssinn wird uns immer wieder zum Verhängnis. Die letzten hundert Meter sind die schlimmsten, da braucht es eiserne Nerven. Er versucht sämtliche Verzögerungstricks, legt sich sogar mitten auf den Weg und macht keinen Schritt mehr. Vorbeigehende Besucher fragen mitleidig: »Was ist denn mit Ihrem Hund los? Ist er krank?« Wie peinlich! Ich rede ihm zu, aber er schließt seine Augen, als wollte er damit sagen: »Ich höre jetzt nichts mehr, ich sehe jetzt nichts mehr, und ich bleibe hier! Immer noch besser, als sich einsperren zu lassen!« Was soll man dann mit einem 55 Kilo schweren Wolf tun, der einfach regungslos daliegt? Eine Schubkarre zum Abtransportieren holen? Da man ihn nur im Guten und mit ruhiger Stimme dazu bewegen kann, doch aufzustehen und uns zu folgen, braucht es jeweils sehr viel Überredungskunst.

Einmal bin ich etwas in Zeitnot. Nachdem wir gut drei Stunden unterwegs gewesen sind, legt sich Cheenook wieder keine dreißig Meter vor dem Gehege mitten auf den Gehweg. Ich rede auf ihn ein, aber er bleibt liegen und reagiert nicht. Da verliere ich die Geduld. Ich versuche, ihn zum Aufstehen und Weiterlaufen zu zwingen und rucke energisch, so wie ich es bei einem Hund gemacht hätte, an seiner Leine. Da hebt Cheenook seinen Kopf, fletscht mit den Zähnen und knurrt mich an, als ob er damit sagen wollte: »Bis hierher und nicht weiter! So etwas lasse ich bei aller Liebe nicht mit mir machen!« Es war das erste und letzte Mal, dass ich auf diese Art versuchte, ihn zum Weitergehen zu bewegen. Das Einzige, was ich auch in Zukunft in so einem Fall tun konnte, ist, Cheenook so lange zuzureden, bis er tatsächlich irgendwann aufsteht und weiterläuft. Für die letzten Meter brauchen wir eine gute halbe Stunde.

Als ich dann endlich sein Gehege zuschließe, steht er dicht am Zaun und schaut mir vorwurfsvoll in die Augen, als würde er fragen: »Was hab ich denn falsch gemacht, dass du wieder gehst?« Die Furcht vor dem Gehege, das für ihn eingesperrt und verlassen zu sein bedeutet, ist bei Cheenook nie ganz verschwunden.

Vertrauensbasis Mensch–Wolf

Mit der Zeit baut sich zwischen mir und dem Wolfsrüden eine feste, vertrauensvolle Beziehung auf. Der weiße Riese entwickelt sich zu einem »Schmusewolf«, der

Wölfische Partnerprüfung: Flocke nimmt Cheenook die Beute ab und zwingt ihn so zu beweisen, dass er für sie und den zukünftigen Nachwuchs sorgen kann.

nicht von meiner Seite weicht. Sogar beim Füttern lässt er sein Fleisch unbeachtet liegen und holt sich lieber bei mir ein paar Streicheleinheiten. Nach und nach schließt er auch andere Menschen in sein Herz, vorzugsweise Frauen. Umso mehr bedrückt es mich, dass er sich von Lothar immer noch nicht anfassen lässt, obwohl mein Mann fast genauso oft die Wölfe im Gehege besucht und versorgt wie ich. Für Cheenooks Misstrauen kann ich keine Erklärung finden.

Irgendwann fällt mir auf, dass er nur die Menschen akzeptiert, die an unseren Ausflügen teilnehmen. Daher schlage ich meinem Mann vor, es auf diese Weise zu versuchen. Er bezweifelt, dass sich Cheenook davon beeindrucken lässt, und ist der Meinung, dem Wolf sei es egal, wer mit oder neben ihm läuft. Ein Zusammenhang zwischen einem Spaziergang und dem Aufbau des Vertrauens findet er unwahrscheinlich, und es ist nicht einfach, ihn zum Mitlaufen zu bewegen. Eines Nachmittags klappt es doch, und wir gehen los. Cheenook läuft vorweg und ist abgelenkt von den vielen verschiedenen Gerüchen. Es scheint, als ob er gar nicht wahrnimmt, wer alles an dem Spaziergang teilnimmt. Doch zurück im Park bemerken wir eine Veränderung in seinem Verhalten. Zum ersten Mal kann ihm Lothar sein Halsband abnehmen und ihn zwischen den Ohren kraulen, ohne dass er flüchtet. Ich bin erleichtert, dass meine Intuition richtig war und mein Plan geklappt hat.

Die kurze Zeit der Freiheit in Form des Spazierengehens ist für die Wölfe enorm wichtig, und sie projizieren dann das positiv Erlebte auf die Personen, die mit ihnen mitgelaufen sind. Allerdings lässt nach etwa einer Woche Cheenooks Vertrauen zu Lothar wieder nach, und damit zwingt er meinen Mann regelrecht, öfter einen Nachmittag mit den Wölfen im Freien zu verbringen.

Wölfische Liebesprüfung

Es sind ein paar Monate vergangen. Inzwischen hat sich Cheenook bei uns eingelebt, er und Flocke verstehen sich prächtig, und es scheint mir, dass nichts mehr diese Idylle zerstören kann. Umso mehr erschrecke ich, als ich eines Tages beim Füttern beobachte, wie Flocke sich ohne sichtbaren Grund Cheenook gegenüber aggressiv verhält. Obwohl genügend Futter da ist, sammelt Flocke alle Fleischstücke auf, trägt sie zu einer Stelle und bewacht sie. Sobald sich Cheenook nähert, um zu fressen, schießt Flocke vor und beißt ihn weg. Was ist los? Es ist doch für beide genügend da! Der hungrige Cheenook tut mir Leid, und um weitere Streitigkeiten zu vermeiden, hole ich schnell aus unserer Futterküche eine weitere Portion Fleisch. Als ich wieder zurück im Gehege bin, sehe ich, wie Flocke breitbeinig über ihrem Fleischhaufen steht und Cheenook sie irritiert umkreist. Er traut sich aber nicht mehr, Flocke und ihrer »Beute« näher zu kommen. Ich rufe Cheenook zu mir und stecke ihm voller Mitleid ein saftiges Fleischstück direkt ins Maul. Das bleibt jedoch von Flocke nicht unbemerkt, und bevor er zu fressen beginnen kann, ist sie erneut bei ihm und entreißt ihm auch dieses Stück mit drohendem Knurren. Ebenso schlägt mein zweiter und dritter Versuch, Cheenook etwas zum Fressen zu geben, fehl. Man kann kaum so schnell gucken, wie die Fleischstücke ihren Besitzer wechseln. Mit dem Fleischberg zwischen Flockes Beinen wächst auch meine Ungläubigkeit. Zuletzt schneide ich kleine »Gulaschstückchen«, die Cheenook auf einmal, ohne zu kauen, verschlingen kann, und gebe sie ihm unbemerkt.

Erst im Nachhinein begreife ich, was los ist. Es hat nichts damit zu tun, dass Flocke Cheenook nicht mehr leiden könnte, es ist vielmehr genau umgekehrt. Flocke hat Cheenook als Partner gewählt und auf die Probe gestellt. Mit ihrem auf den ersten Blick ungerechten Verhalten wollte sie Cheenook zwingen, ihr zu beweisen, dass er für sie und die zukünftigen gemeinsamen Welpen sorgen kann. Indem sie ihm die Nahrung abnimmt, zwingt sie ihn, weiter zu jagen. In der freien Natur ist der Alpharüde in dieser Zeit mit der Nahrungsbeschaffung betraut. Vermutlich findet eine solche Art der »Partnerprüfung« auch bei frei lebenden Wölfen statt.

Mit der Zeit habe ich anhand verschiedener Situationen festgestellt, dass in unserem Rudel ein relativ strenges Matriarchat herrscht. Die letzte Entscheidung in wichtigen Sachen liegt immer bei Flocke.

Nanuk

Oben: Nanuk ist bei seinem ersten Spaziergang kaum größer, als das Gras hoch ist.

Mitte: Im Gegensatz zu Flocke ist Nanuk als Welpe sehr liebevoll.

Unten: Nicht nur Fleisch steht auf Nanuks Speisekarte, auch vegetarische Kost wird ausprobiert.

Flocke und Cheenook verstehen sich ausgezeichnet, und ich hoffe sehr, dass sie endlich Welpen bekommen. Leider zeigt sich der Wolfsrüde nicht gerade als »Sexprotz«, und so bleibt die Wurfhöhle zu meiner großen Enttäuschung auch in diesem Frühjahr leer. Wahrscheinlich ist er mit seinen neun Jahren langsam zu alt, um noch Nachwuchs zeugen zu können.

Nach längerer Überlegung entschließe ich mich, unser kleines Wolfsrudel um ein Mitglied zu erweitern. Falls Cheenook etwas zustoßen sollte, hätte Flocke dann einen neuen Gefährten, mit dem sie schon vertraut ist. Ich entscheide mich, einen jungen Rüden zu holen, ihn mit der Flasche großzuziehen und ihn so auf Menschen zu prägen. So wird es später einfacher sein, den Welpen stressfrei, ohne Angst und Scheu mit dem bestehenden zahmen Rudel zusammenzuführen.

Das zweite Wolfsrudel, in dem auch Flocke vor ein paar Jahren geboren wurde, hat dieses Frühjahr wieder Junge bekommen. Wenn die Welpen eine Woche alt sind, kontrolliert der Tierarzt ihren Gesundheitszustand. Dabei werden die Jungen untersucht, entwurmt, geimpft und mit einem elektronischen Chip markiert. Wir suchen uns den stärksten Rüden aus dem Wurf aus, seine Geschwister bleiben weiterhin im Rudel, damit die Wölfin sie selbst großziehen kann.

Den kleinen Welpen haben wir »Nanuk« getauft, was in der Eskimosprache »Eisbär« bedeutet. Nanuk ist von Anfang an ein ganz anderes »Kaliber« als damals die kleine todkranke Flocke. Schon im Welpenalter lassen sich große Charakterunterschiede feststellen. Mit vier Wochen verlässt er unser Haus und will draußen im Garten bleiben. Wir besorgen uns einen Elektrozaun, um unser Grundstück wolfsausbruchsicher zu machen. Nanuk ist ab jetzt tagsüber im Garten, abends sperre ich ihn auf der Terrasse ein, wo er vor Wind und Regen geschützt ist. Die Hündin Senta macht um Nanuk einen großen Bogen. Sie will nichts mit ihm zu tun haben. Einen Wolf großzuziehen reicht wohl für ein Hundeleben.

Gesellschaft leistet dem Welpen Tag und Nacht unsere zweijährige Dackeldame Drossel. Nanuk ist fünf Wochen alt und hat für Drossel gerade die richtige Größe. Sie spielen und toben rund um die Uhr, zum Schlafen liegen sie dicht aneinander gedrängt im Hundekorb. Nanuk bekommt weiterhin von mir sein Fläschchen. Als er einmal nach seiner Milchmahlzeit eine Hand voll Dackelhaare aus-

spuckt, wird mir bewusst, wie tapfer Drossel beim Spielen sein muss. Es dauert auch keine zwei Wochen mehr, und sie rettet sich vor Nanuk in sicherer Höhe auf den Gartentisch.

Interessant ist, dass der kleine Wolf mir gegenüber in diesem Alter keinerlei Aggressionen zeigt, so wie ich es von Flocke kannte. So bestätigt sich meine frühere Vermutung. Bei Flocke hat damals die Hündin Senta die Mutterrolle übernommen. Sie hat das Wolfskind rund um die Uhr beschützt und gesäugt. Da ich ständig in der Nähe war, hat Flocke mich als eines ihrer Geschwister eingestuft. Bei Nanuk nehme ich die Mutterrolle ein, und Drossel ist die »Wolfschwester«.

Ernährungsgewohnheiten

Im Alter von fünf bis sechs Wochen fangen die Welpen an, Fleisch zu fressen, und es entwickelt sich Futterneid. Gleichzeitig beginnen sie mit heftigen Rangordnungskämpfen, die ich damals auch bei Flocke deutlich zu spüren bekam. Exakt in diesem Alter fing sie an, mit mir Konkurrenzkämpfe auszutragen. Obwohl sie erst die Größe einer Katze hatte, machte sie mir mit ihrem Verhalten deutlich, dass sie es ernst meint. Sie knurrte mich an, rümpfte dabei ihr Näschen und versuchte, nach meinen Fingern zu schnappen. Erst als ich mich genauso verhielt wie sie, gab sie irgendwann auf. Da ich diesmal in Nanuks Augen die Mutter bin, bleibe ich von solchen Auseinandersetzungen verschont.

Pünktlich mit sechs Wochen verweigert Nanuk das erste Mal und endgültig die Milch, ab jetzt frisst er nur noch Fleisch. Dies hat mich überrascht, da ich Flocke noch im Alter von vier Monaten dabei ertappt

Links: Beim Fressen verstehen Wölfe keinen Spaß und verteidigen ihre Beute mit Knurren.

Rechts: Wölfe können sehr gute Schwimmer sein, wenn sie früh mit dem Wasser vertraut wurden.

Rechte Seite: Komm und fang mich! Nanuk denkt sich immer wieder neue Spiele aus.

habe, wie sie bei Senta nuckelte, und auch mit der Umstellung auf feste Nahrung hatten wir bei ihr gewisse Schwierigkeiten.

Für diese Zeit habe ich vorgesorgt und für Nanuk portionsweise saftige Fleischstücke aus dem Rehrücken eingefroren. Der Kleine soll ja nur das Beste bekommen. So sitze ich mit ihm auf dem Rasen in unserem Garten, schneide kleine Streifen des zarten Fleischs ab und biete es ihm an. Er nimmt es ohne besondere Begeisterung und kaut appetitlos darauf herum. Wolfshunger habe ich mir anders vorgestellt! Ich berichte es meinem Mann, der gerade an unserem Hundezwinger steht und an die Tiere Pansen verteilt. »Probier mal, ihm das hier zu geben«, meint er. Bevor ich etwas dagegen sagen kann, hält mein Mann Nanuk den riesigen zähen und unangenehm riechenden Lappen des Kuhmagens vor die Nase. Schon der Anblick verursacht bei mir Übelkeit – nicht aber bei Nanuk. Der spuckt blitzschnell das vorgekaute Rehsteak aus und beißt sich an dem undefinierbaren Etwas fest. Felsenfest entschlossen, den »Leckerbissen« nicht mehr herzugeben, schleppt er ihn knurrend in die hinterste Ecke des Gartens. Von weitem sehe ich zu, wie er sich über den Pansen hermacht, wie er die Brocken, ohne zu kauen, verschlingt, und mir ist klar, mit meinem Rehrücken habe ich bei Nanuk verspielt .

Freiheitsdrang

Nanuk wächst und entwickelt sich, wie bei Wolfswelpen üblich, rasend schnell. Offensichtlich hat er sich entschlossen, den Garten auch jenseits des Elektrozauns zu erkunden. Als ich ihn das erste Mal zurückholen muss, suche ich lange nach einem Loch im Zaun. Ohne Erfolg. Mir ist nicht klar, wie er es geschafft hat, den Zaun zu überwinden. Flocke hatte den Elektrozaun, nachdem sie unangenehme Bekanntschaft mit ihm gemacht hatte, voll akzeptiert. Sie hatte ihn als ihre Reviergrenze anerkannt, obwohl sie schon fast erwachsen war und sogar ganz ohne Anstrengung hätte darüberspringen können.

Anders Nanuk mit seiner Unternehmungslust. Wenn er sich etwas in den Kopf gesetzt hat, kann man ihn nicht mehr von seinem Vorhaben abhalten. Nachdem ich ihn wiederholt am anderen Ende des Gartens finde und zurückhole, kann ich bereits ein paar Minuten später beobachten, wie er mit unglaublicher Beharrlichkeit versucht, die Elektrobarriere erneut zu überwinden. Dabei hält er seine empfindliche Nase, um sie vor dem Stromschlag zu schützen, dicht am Boden. Der Rest seines Körpers ist durch sein dichtes Fell geschützt. Er probiert es immer wieder – so verlockend scheint ihm die Welt hinter dem Zaun.

Im Alter von zwei Monaten bricht Nanuk erneut aus und unternimmt eine längere Erkundungstour. Zunächst nehme ich an, dass er wohl irgendwo im Schatten liegt und schläft, aber meine Versuche, ihn zu finden, bleiben ohne Erfolg. Ich laufe ums Haus herum und rufe nach ihm und werde dabei immer lauter. Als ich schon zu zweifeln beginne, sehe ich, dass sich etwas auf der nahe gelegenen Wiese am Waldrand bewegt. Tatsächlich, es ist Nanuk! Er trabt auf mich zu und begrüßt mich. Sein Blick scheint zu sagen, dass er im Grunde meine ganze Aufregung gar nicht verstehen kann.

Aufnahme ins Rudel

Eigentlich ist es recht ungewöhnlich, dass sich ein kleiner Welpe allein so weit weg vom »Mutterbau« traut. Unser steriler Garten ist ihm anscheinend zu langweilig geworden. Es ist höchste Zeit, Nanuk dem Rudel vorzustellen. Mir ist bewusst, dass dieses Unternehmen nicht ohne Gefahr ist. Falls dabei etwas schief läuft, kann Nanuk mit einem einzigen Biss getötet werden. Unter den Wölfen im Gehege können sich Spannungen aufbauen, und es wäre möglich, dass die Rudelmitglieder, wenn auch für uns unerklärbar, gereizt auf Nanuk reagieren.

Indirekt haben beide Wölfe Nanuk schon kennen gelernt. Seit der Welpe bei uns zu Hause wohnt, werde ich von ihnen bei jedem meiner Besuche im Wolfs-

gehege genau untersucht. Vor allem Flocke beschnuppert jedes Mal ganz intensiv und konzentriert meine Hände, meinen Schoß und mein Hemd und kann sich jedesmal kaum losreißen. Was mag sie dabei denken? Sie hat doch als Alphawölfin während der ganze Paarungszeit nach Wolfsart genauestens aufgepasst, dass keiner außer ihr Nachwuchs bekommt. Ich musste ihr aus dem Weg gehen, und jetzt tauche ich mit Welpen auf. Vermutlich kann sie die Welt nicht mehr verstehen.

Um jedes Risiko zu vermeiden, soll das erste Treffen auf neutralem Boden stattfinden. Wir gehen gemeinsam spazieren. Bei dem erfahrenen Cheenook ist es Liebe auf den ersten Blick. Er hat schon einmal mit seiner früheren Wölfin Welpen gehabt, und so weiß er auch gleich, was zu tun ist. Sofort verfolgt er Nanuk auf Schritt und Tritt und lässt ihn keine Sekunde mehr aus den Augen. Flocke dagegen ist etwas unbeholfen und scheint nicht so recht zu wissen, was sie mit Nanuk anfangen soll. Ihre Gefühle scheinen gemischt. Auf der einen Seite unterwirft sie sich ihm, und auf der anderen Seite springt sie sofort auf und versucht ihm auszuweichen, wenn er ihr zu nahe kommt. Wir müssen mehrmals einen gemeinsamen Spaziergang machen, bis ich mir sicher sein kann, dass Flocke den Kleinen voll akzeptiert.

Um Nanuk langsam an das Gehege zu gewöhnen, bringe ich ihn jeweils nachmittags für ein paar Stunden hin. Im Vergleich zu unserem Garten ist das Gehege für ihn ein Paradies. Ein großer Teich zum Planschen, die Baue zum Verstecken, herumliegende Federn und Knochen zum Spielen und das Wichtigste: zwei Wölfe, die für jeden Spaß zu haben sind. Am Anfang begrüßt es Nanuk trotzdem, wenn er spät

nachmittags von mir wieder abgeholt wird und nach Hause darf. Er ist vom Toben so müde, dass er unterwegs noch in meinem Arm einschläft. Aber es dauert nicht mehr lange, und er fühlt sich im Gehege pudelwohl. Ich entschließe mich, ihn seiner neuen Familie zu überlassen.

Nanuks Umzug ins Gehege beeinflusst das ganze Rudel positiv, vor allem in Cheenooks Verhalten bewirkt es wahre Wunder. Keine Spur mehr von seiner früheren Gemütlichkeit und Schwerfälligkeit, energisch und aufgeweckt verfolgt er den Welpen, knabbert und leckt sein Fell oder versucht ihn zum Spielen zu bewegen. Flocke und Cheenook sind rund um die Uhr damit beschäftigt, dem Kleinen richtiges Wolfsverhalten beizubringen, auf ihn aufzupassen und mit ihm zu spielen. Nanuk genießt die Aufmerksamkeiten der beiden in vollen Zügen. Anfang November ist er knapp ein halbes Jahr alt und in seinem ersten Winterfell fast ebenso groß wie Cheenook. Bis sein Fell allerdings seine fast reinweiße Farbe hat, muss er noch gut drei Jahre warten.

Oben: Heulen ist das eindrucksvollste Kommunikationsmittel der Wölfe.

Unten: Nach einem halben Jahr ist Nanuk schon fast ausgewachsen.

Linke Seite: Nanuks Mimik zeigt sehr oft, was gerade in ihm vorgeht.

Meine inzwischen elfjährige Jagdhündin Senta begleitet mich jedes Mal zum Gehege. Vor der Pforte bleibt sie liegen und wartet geduldig, bis ich die Wölfe versorgt habe und wieder herauskomme. Zu ihnen hinein darf sie nicht, und seit das Rudel für Nanuk sorgt, kann sie auch an unseren Spaziergängen mit den Wölfen nicht mehr teilnehmen. Bei den beiden großen Wölfen könnten wegen des Welpen Beschützerinstinkte geweckt werden, die für die Hündin zu einer großen Gefahr werden könnten. Deshalb haben Flocke und Senta schon seit längerer Zeit keinen direkten Kontakt mehr. Trotzdem steht die Wölfin jedes Mal am Zaun, belauert die gleichgültig daliegende Hündin und versucht dabei ununterbrochen durch ihre Körpersprache Unterwerfung und Freundlichkeit zum Ausdruck zu bringen. Flocke akzeptiert Senta immer noch als ihre Mutter, das heißt aber nicht, dass es trotzdem nicht zu »Meinungsverschiedenheiten« zwischen ihnen kommen könnte. In diesem Fall hätte die alte Hündin keine Chance, ein Konflikt könnte für sie lebensgefährlich werden.

Warten auf Welpen

Es ist Ende Januar, die Paarungszeit steht bevor und die vierjährige Flocke ist im besten Alter dafür. Mit der Paarungsbereitschaft ändert sich das Verhalten, eine zunehmende innere Unruhe macht sich schon Wochen vorher bemerkbar.

Bei unseren Ausflügen ist die Wölfin jetzt vor allem mit intensivem Markieren ihres Reviers beschäftigt. Ihre Duftmarken setzt sie in kleinen Abständen von etwa zehn Metern an Bäumen, Grasbüscheln und anderen Gegenständen. Dazu hebt sie entweder ihr Bein, so wie man es vom Rüden kennt, oder sie macht fast einen Kopfstand, um die möglichst höchste und auffälligste Stelle zu erreichen. Anschließend scharrt und kratzt sie auf dem Boden, um dort auch optische Marken zu hinterlassen. Niemand soll übersehen, dass dieses Gebiet ihr und ihrem Rudel gehört.

Rangordnungskämpfe

Mehr als je zuvor will sie allen beweisen, dass sie es ist, die das Recht hat, sich fortzupflanzen. Alle Konkurrentinnen, die ihre privilegierte Position im Rudel gefährden könnten, versucht sie instinktiv zu verdrängen. So ändert sich auch Flockes Verhalten Senta gegenüber schlagartig. Unterwürfigkeit wechselt zu Dominanz, die Körpersprache ist so deutlich, dass man die Veränderung nicht übersehen kann. Flocke läuft jetzt nicht mehr winselnd, mit wedelndem Schwanz, angelegten Ohren und eingeknickten Beinen am Zaun entlang, um möglichst freundlich und klein auszusehen. Im Gegenteil, wenn sie Senta kommen sieht, stellt sie sich seitlich und will ihr mit ihrer Körpergröße imponieren. Dabei hebt sie den Kopf und den Schwanz hoch, richtet die Ohren nach vorne und sträubt ihre Nackenhaare. Fast hat man das Gefühl, sie recke sich dabei wie eine Ballerina auf die Zehenspitzen, um ihre Autorität und Größe noch deutlicher zu zeigen. Mit steifen Gliedern und ohne Drohlaute verfolgt Flocke die Hündin mit den Augen, die wachsende Spannung zwischen den beiden kann man fast fühlen. Senta bemerkt die Verwandlung sofort und richtet mit unterdrücktem Knurren ihren Blick zur Seite. Instinktiv erkennt sie, dass die Zeit, in der ihre Adoptivtochter eigene Wege geht, endgültig gekommen ist.

Auch in der freien Natur bleiben die jungen Wölfe nicht für immer bei ihren Eltern. Sie sondern sich nach und nach ab, machen allein Streifzüge, bis sie

Links: In der Ranzzeit sind wilde Spiele ein fester Bestandteil des Verhaltens unter den Partnern.

Rechts: Anderen gegenüber ist Flocke sehr launisch, aber nicht unberechenbar.

irgendwann auf eine einsame lange Wanderschaft aufbrechen. Mit etwas Glück finden sie ein unbesetztes Gebiet, wo sie ein neues Rudel gründen können, oder es gelingt ihnen die Integration in eine schon bestehende Gemeinschaft. Auf solchen Wanderungen legen Wölfe nicht selten bis zu tausend Kilometer zurück, was bedeutend zu ihrer Verbreitung beiträgt und unter anderem auch die Gefahr der Inzucht vermindert.

In den folgenden Tagen sieht Flocke auch mich als ihre Konkurrentin an. Sie ist zwar sehr launisch, aber nicht unberechenbar. Ob ich zum Saubermachen ins Gehege darf oder ob ich nur Zaungast bin, entscheidet sie nun jeden Tag neu und gibt mir rechtzeitig und deutlich Bescheid. Durch die Haltung ihres Körpers übermittelt mir die Wölfin eindeutig alle wichtigen Informationen.

Bei ernst gemeinten Rangordnungskämpfen innerhalb eines Rudel kann es jedoch zu einem Angriff aus völlig neutraler Haltung kommen. Eine solche Attacke

erfolgt dann ohne Vorwarnung, ohne gefletschte Zähne, Knurren oder aufgestellte Nackenhaare. Die Beißhemmung ist herabgesetzt, und es gibt keine Unterwerfungsmöglichkeit für den Verlierer. Bei diesen Kämpfen, die meistens nur zwischen zwei gleichgeschlechtlichen Wölfen stattfinden, stehen die eigenen Interessen im Vordergrund. Dabei kann es sogar zu tödlichen Verletzungen kommen. Wahrscheinlich bin ich nur durch meinen Respekt und meine Zurückhaltung den Wölfen gegenüber von solch einer Auseinandersetzung verschont geblieben.

Paarung und Trächtigkeit

Schon seit Tagen kann ich beobachten, dass Flocke und Cheenook viel mehr Zeit miteinander verbringen als sonst. Sie spielen sehr intensiv, und mit gegenseitigem Beschnuppern, Beknabbern und Belecken zeigen sie sich ihre wachsende Zuwen-

Cheenook und Flocke gehen sehr liebevoll miteinander um und weichen einander nicht mehr von der Seite.

dung. Solch intensives Vorspiel hat die wichtige Funktion, beide Tiere gleichzeitig in Paarungsbereitschaft bringen.

Ein Wolfsrüde ist im Gegensatz zu einem Hund nicht zu jeder Zeit zeugungsfähig. Wenn die Möglichkeit, für Nachwuchs zu sorgen, sowieso nur einmal im Jahr besteht, wäre ununterbrochen paarungsbereit zu sein für ihn ein unnötiger Energieaufwand. Sein während des größten Teils des Jahres fehlendes sexuelles Interesse und seine dadurch niedrigere Reizbarkeit und sein vermindertes Konkurrenzverhalten gegenüber anderen Rüden tragen auch bedeutend zum sozialen Frieden im Rudel bei. Erst die Läufigkeitsduftstoffe eines empfängnisbereiten Weibchens erhöhen seinen Testosteronspiegel und bewirken, dass seine sonst sehr kleinen Hoden auf die dreifache Größe anschwellen, befruchtungsfähige Spermien bilden und somit ihre Funktion erfüllen können.

Der Paarungsvorgang wird in der Regel mehrmals am Tag wiederholt. Dabei verdickt sich der Penis des Rüden derart, dass sich die Partner für einige Minuten nicht voneinander trennen können. Dieses so genannte Hängen ist auch bei anderen hundeartigen Tieren bekannt und garantiert dem Rüden eine ungehinderte Samenübertragung.

Obwohl ich täglich mehrere Stunden beim Wolfsgehege verbringe, kann ich nicht ein einziges Mal beobachten, dass sich Flocke mit Cheenook paart. Ich muss mich wohl damit abfinden, dass auch in diesem Jahr der ersehnte Nachwuchs in unserem Rudel ausbleiben wird.

Mitte März ist die Ranzzeit vorbei, und nach dieser langen Pause gehen wir zum ersten Mal wieder alle gemeinsam spazieren. Uns fällt auf, wie liebevoll und sorgsam Cheenook und Flocke miteinander umgehen. Wenn Flocke zurückbleibt, um irgendetwas im Gras zu erkunden, kehrt Cheenook sofort um, läuft zu ihr zurück und leckt ihr besorgt über die Schnauze. Er lässt Flocke keine Sekunde aus den Augen, meistens traben sie so dicht Seite an Seite, dass sie sich gegenseitig berühren. Sie benehmen sich wie ein frisch verliebtes Pärchen. Erst jetzt komme ich zu der Überzeugung, dass Flocke doch zum ersten Mal Welpen bekommen wird.

Das Verhalten der beiden ist eindeutig, trotzdem bleibt Flocke lange äußerlich unverändert. Auch durch Abtasten kann ich Mitte April noch keine Anzeichen feststellen, die auf eine fortgeschrittene Trächtigkeit der Wölfin hindeuten. Erst Ende des Monats kann ich beobachten, dass sie am Bauch ihr dichtes Fell verliert.

Polarwölfe behalten ihr Winterfell relativ lange, da in ihrem Ursprungsgebiet die Winter lang andauern und die Sommer nur ganz kurz sind. Erst Ende Mai beginnen die Haare an den Hinterflanken zu verfilzen und büschelweise auszufallen. Anders ist der Verlauf des Fellwechsels bei einer tragenden Wölfin. Der durch die Trächtigkeit veränderte Hormonhaushalt bewirkt, dass sie zuerst die Haare am Bauch verliert, um die Milchquelle für ihre Welpen zugänglich zu machen.

Anfang Mai verschwindet Flocke immer öfter allein im Bau, den sie in den letzten Wochen gemeinsam mit Cheenook gegraben hat. Erstaunlich ist, wie problemlos sie durch den engen Eingang passt, der nicht größer als bei einem Fuchsbau ist. Kein anderes Mitglied des Rudels darf mit hinein; als es Nanuk aus Neugier trotzdem versucht, wird er von Flocke sofort energisch verjagt.

Eines Tages bemerke ich, wie Flocke unruhig zwischen ihrem Bau und der Weite des Geheges hin und her pendelt. Cheenook begrüßt sie bei jedem erneuten Auftauchen mit demütigen Gesten, auf die Flocke genervt reagiert und wieder in ihrem Bau verschwindet. Als sie sich seit drei Tagen nicht mehr draußen gezeigt hat, wird es interessant. Ihr Verhalten muss einen bestimmten Grund haben. Sind die Welpen schon da, wenn ja, wie viele sind es?

In den ersten Tagen bleibt jede Wolfsmutter ununterbrochen bei ihren Jungen, also habe ich eigentlich keinen Grund, mir Sorgen zu machen, trotzdem treibt mich die Neugier zum Bau. Ich kniee mich vor den Eingang und lausche, ob Winseln oder andere Geräusche von Welpen zu hören sind, aber alles bleibt still. Erst als ich Flocke beim Namen rufe, ant-

Flocke verschwindet in ihrem selbst gegrabenen Bau.

wortet sie mir mit einem Knurren aus der Tiefe. Das beunruhigt mich nicht, denn in den ersten Tagen hält die Wolfsmutter alle auf Distanz. Am nächsten Tag versuche ich erneut, Flocke aus ihrem Bau zu locken, aber es gelingt mir nicht. Langsam werde ich unruhig. Ob wohl unter der Erde alles in Ordnung ist?

Gegen Abend erscheint Flocke zum ersten Mal wieder draußen. Man kann sofort sehen, dass es ihr ganz schlecht geht. Sie kann sich kaum noch auf den Beinen halten, krümmt ihren Rücken, zittert und hat Wehen. Ein herbeigerufener Tierarzt entscheidet sich sofort für eine Notoperation. Um Flocke in die Praxis transportieren zu können, bekommt sie noch im Gehege eine Narkose. In der knappen Viertelstunde, bis die Betäubung wirkt, graben wir den Bau auf, um ihre Welpen zu finden. Etwa nach sieben Metern entdecken wir zu unserer Enttäuschung einen leeren Wurfkessel …

Die Untersuchung ergibt, dass Flocke nur ein einziges Wolfsbaby ausgetragen hat. Doch es war zu groß, um durch den Geburtskanal zu passen, und blieb im Beckenbereich stecken. Unsere Hilfe für das Kleine kam zu spät, wahrscheinlich lebte es schon seit mehreren Tagen nicht mehr. Die schwierige Operation dauert fast drei Stunden. Um Flockes Leben zu retten, müssen wir uns damit abfinden, dass sie nie mehr Junge haben wird. Ohne den schnellen Rettungseinsatz wäre die Wölfin ein paar Stunden später an Blutvergiftung gestorben.

Nach dem Eingriff bringen wir die noch betäubte Flocke zum Aufwachen in die Quarantänestation des Wildparks. Dort sperren wir sie in eine leer stehende Pferdebox. Früh am nächsten Morgen sind wir wieder bei ihr, um zu sehen, wie es ihr geht. Ihre Regenerationsfähigkeit überrascht uns. Sie begrüßt uns freundlich, als

wenn nichts passiert wäre, trotzdem wollen wir sie noch bis mittags in der Station behalten. Doch eine Stunde später läuft Flocke plötzlich frei auf dem öffentlichen Parkplatz des Wildparks herum. Keiner kann sich erklären, wie sie es schaffte, aus der Box zu entkommen. Sie muss uns beim Verschließen der Tür beobachtet haben, um diese dann nach dem gleichen Prinzip wieder zu öffnen.

Ich leine die Ausbruchskünstlerin an und beschließe, sie statt zurück in die Box zum Wolfsgehege zu bringen. Flocke hat es sehr eilig, ich kann kaum mit ihr Schritt halten. Sie will zurück zu ihrem Rudel, und obwohl ihre frische Wunde noch schmerzen muss, ist sie in ihrem Tempo nicht zu bremsen. Als wir das Gehege erreichen, freuen sich Cheenook und Nanuk überschwenglich, und auch Flocke kann es kaum erwarten, bis ich die Tür des Geheges aufschließe. Ich nehme ihr das Halsband ab und lasse sie durch einen Spalt hinein. Zu meiner Überraschung läuft Flocke zielstrebig an den beiden Wölfen vorbei, ohne sie zu beachten. Das einzig Interessante ist für sie jetzt die Höhle, die sie für ihre Welpen gegraben hat. Sie kriecht hinein und untersucht alles ganz genau. Nicht nur das Innere des Baus, sondern auch die Sandberge, die wir gestern beim Ausgraben aufgeschüttet haben, beschnuppert sie ganz konzentriert. Erst als sie keine Spuren findet, schüttelt sie die Sandreste aus ihrem Fell und läuft gelassen zu Cheenook und Nanuk, um sie endlich zu begrüßen.

Jetzt ist mir auch klar, warum die Wölfin aus der Box ausgebrochen ist und so eilig zum Gehege strebte. Flocke war überzeugt, dass in dem Bau ihre frisch geborenen Welpen auf sie warten. Die starken Muttergefühle verdrängten ihre eigenen Schmerzen und bestärkten sie in ihrer Handlung.

Für mich wäre es eine große Erfahrung gewesen, die kleinen Wölfchen heranwachsen zu sehen. Zu gern hätte ich das Familienleben im Rudel miterlebt, die ersten Schritte der Welpen verfolgt und beobachtet, wie sie das erste Mal aus dem Bau krabbeln, um ihre Umgebung zu erkunden und andere Rudelmitglieder kennen zu lernen. Gern hätte ich gewusst, wie viel ihres Vertrauens ich trotz dem natürlichen Aufwachsen bei der Mutter hätte gewinnen können und wie weit die Welpen mich als Zweibeiner akzeptiert hätten. Viele Fragen bleiben für mich nun ohne Antwort, aber die Hauptsache ist, dass wir die Wölfin noch rechtzeitig retten konnten. Eigene Junge wird Flocke zwar nie mehr haben können, aber ich werde demnächst wieder einen Wolfswelpen holen und in das bestehende Rudel integrieren, damit Flocke trotz dieses Schicksals ihre Muttergefühle ausleben kann.

Wolfsland: Lebensraum des Wolfes einst und heute

Vom Herrn der Wildnis zum nahezu ausgerotteten Tier

Der Europäische Grauwolf zählt zu den scheusten Unterarten der Wolfsfamilie.

Mein Traum

Manchmal träume ich, dass ich mit meinen Wölfen irgendwo in der Wildnis bin, ganz weit draußen, nur wir allein. Sie dürfen den ganzen Tag frei laufen, ohne einen Zaun oder ein Halsband zu kennen und ohne Gefahr, andere Menschen anzutreffen oder eine Straße überqueren zu müssen. Aus der Dunkelheit höre ich ihr Geheul. Vielleicht signalisieren sie damit den Aufbruch zu einem Jagdstreifzug, vielleicht wollen sie auch nur mit ihrem Gesang sagen: »Wir gehören zusammen!« oder »Hallo, hier sind wir, hörst du uns?« Und ich höre sie. Die Felsen und Berge werfen ihr Geheul vielfach zurück, das Echo erfüllt die Luft und macht es fast unmöglich, den Ort zu bestimmen, von dem aus die Wölfe rufen. Trotz der Entfernung kann ich jede einzelne Stimme genau erkennen. Es wird mir dabei warm ums Herz, da ich weiß, sie sind alle da und es geht ihnen gut. Morgen schauen sie bestimmt wieder vorbei. Sie kommen lautlos, nur die Spuren im Schnee verraten sie. Dann kratzen sie ungeduldig an der Tür der Holzhütte, bis ich herauskomme. Zusammen rennen wir los und balgen im Schnee. Nach einer Weile stehen alle wieder zum Aufbruch bereit – die Wildnis ruft. Mit einem kräftigen Schütteln entfernen sie noch die letzten Schneereste aus ihrem dicken Pelz, schauen sich ein letztes Mal nach mir um und traben dann über die weiße Ebene zurück in die Freiheit. Ich bleibe stehen und genieße den Anblick, begeistert von dem faszinierenden Rhythmus und der Geschmeidigkeit ihrer Bewegungen, bis sie hinter dem Horizont verschwinden.

Diesen Traum träume ich oft, auch wenn ich weiß, dass er für meine Wölfe nie in Erfüllung gehen wird. Ich frage mich, wo können Wölfe so leben wie in meinem Traum?

Verbreitungsgebiet

Vor zweihundert Jahren war der Wolf fast auf dem ganzen Erdball zuhause, jetzt bewohnt er nur noch etwa zehn Prozent seines ursprünglichen Verbreitungsgebiets. Wölfe besiedelten einst die nördliche Halbkugel von der Arktis bis in die trockenen und sogar bis in tropische Regionen, vom Tiefland bis ins Hochgebirge. Sie leben in den letzten Wildnisregionen unserer Erde, aber auch in unmittelbarer Nachbarschaft zum Menschen. Überall kommt der Wolf zurecht, als Großwild-

jäger oder als Müllverwerter, als Einzelgänger ebenso gut wie im großen Rudel. Zu seiner Beute zählen vor allem Säugetiere von der Maus bis zum Elch, aber auch Insekten, Beeren und Früchte. In Küstenregionen beziehen die Wölfe ihre Nahrung sogar zu einem großen Teil aus dem Meer. Ihren Speiseplan ergänzen Fische, aber auch Muscheln und Seepocken.

Unter dem Einfluss der unterschiedlichen Lebensbedingungen entwickelten sich zahlreiche Unterarten, die sich durch Gebiss, Augenfarbe, Fellfarbe, Körpergröße und Knochenbau (Aussehen) unterscheiden. Es gibt etwa ein Dutzend Wolfsunterarten. Von Weiß über Grau und Braun bis zum schwarzen Wolf sind alle Farbvarianten vertreten. Die größten Wölfe sind bis zu achtzig Kilogramm schwer und leben in den kalten Regionen der Erde. Hier sind alle Tiere etwas größer als ihre Artgenossen. Ein Körper mit einem großen Volumen kann Wärme länger speichern, dieser Schutz vor Abkühlung ist in den nördlichen Breiten überlebenswichtig. In den heißen Regionen findet man dagegen die kleineren Wölfe mit einem Gewicht von nur knapp zwanzig Kilogramm. Alle diese Wölfe, ob weiß oder schwarz, ob klein oder groß, gehören zu einer Gattung, jener des Grauwolfs.

Von Wölfen und Menschen: Etwas Evolutionsgeschichte

Am Ende der Eiszeit waren Menschen und Wölfe die einzigen Großwildjäger in der Tundra. Die große ökologische und soziale Ähnlichkeit dieser beiden Spezies hat vermutlich zu einer engen und lang andauernden Beziehung geführt. Irgendwann schlossen

Oben: Timberwölfe werden mit schwarzem Fell geboren, das sich mit zunehmendem Alter grau färbt.

Unten: Obwohl alle Wölfe zur Familie der Grauwölfe gehören, unterscheidet sich ihr Aussehen deutlich.

sich Wölfe und Menschen noch enger zusammen. Ob der Mensch auf den Wolf kam oder der Wolf auf den Menschen, kann heute nicht mehr eindeutig beantwortet werden. Auf jeden Fall begann damit eine lange und erfolgreiche Verbindung. Sie stand am Anfang der Entstehung des Hundes, der in seiner Verbreitung seinen Stammvater schon lange um ein Vielfaches übertroffen hat.

In den Legenden der indianischen Völker Nordamerikas und der Inuit findet man ein sehr ausgeprägtes Bild des Wolfes, das von einer genauen Kenntnis seiner Lebensweise und einem tiefen ökologischen Verständnis zeugt. Der Wolf gilt als Symbol der Schöpfung und der ethnischen Identität. Die nordamerikanischen Indianer nennen den Wolf »Bruder«, in der Sprache der Sioux wird er sogar als Tashuunka wakan, »heiliger Bruder«, bezeichnet. Er wird als weiser Lehrer der Menschen angesehen. Ihre Verehrung und Bewunderung des Tieres bekundeten auch die Indianer an der Westküste Kanadas, sie verewigten den Wolf auf Totempfählen und in Felszeichnungen. Die Indianer und die Wölfe teilen das gleiche Schicksal, beide wurden gnadenlos verfolgt und beinahe ausgerottet.

Im Laufe der Evolutionsgeschichte entfernt sich der Mensch immer weiter von den tierischen Verhaltensweisen. Nach und nach ändert er seine natürliche Lebensweise, während der wilde Wolf sich seine ursprüngliche Natur bewahrt. Die Folgen dieser Änderung und Weiterentwicklung des Menschen vom Jäger und Sammler zum Bauern und Hirten sind für den Wolf fatal. Er wird für den Menschen nicht nur zum schlimmsten Feind, sondern auch zum Konkurrenten für Jäger und Hund. Durch Ackerbau und Viehzucht nimmt sich der Mensch selbst aus dem Kreislauf der Natur heraus, er beansprucht für sich und seine Haustiere immer mehr Land und vertreibt das Wild. Auf Weiden und Koppeln hält er seinen lebendigen »Fleischvorrat«, die Schweine, Kühe, Ziegen oder Schafe. Da der Wolf nicht zwischen Wildtier und Nutztier unterscheiden kann, vergreift er sich gelegentlich an den Haustieren. Damit bedroht er oft die Existenz der Viehzüchter.

Je mehr sich die menschlichen Siedlungen ausdehnen, die Viehhaltung intensiviert wird und immer mehr Waldgebiete der Rodung zum Opfer fallen, desto heftiger und häufiger werden auch die Konflikte zwischen Mensch und Wolf. Dazu kommt später der Trend, die Jagd als Sport auszuüben, ein Freizeitvergnügen, bei dem man keine tierische Konkurrenz duldet. Der Hass des Menschen auf den Wolf nimmt zu. Er wird zum Sinnbild eines Tieres, dessen einziges Lebensziel es ist, den Menschen zu bedrängen und ihm zu schaden.

Im achten Jahrhundert unternimmt Kaiser Karl der Grosse einen entscheidenden Ausrottungsfeldzug gegen den Wolf. Seine Jäger bekämpfen die Wölfe mit Schusswaffen, Tellereisen, Fallgruben, Wolfsangeln, Fangnetzen und Gift. Für die organisierte Wolfsjagd wurden sogar spezielle Hunderassen gezüchtet, wie der Irische Wolfshund. Mancherorts erinnern noch heute Gedenksteine an Jäger, die in der Mitte des neunzehnten Jahrhunderts den letzten Wolf in ihren Gebieten zur Strecke brachten. Im vierzehnten Jahrhundert regelt Karl VI. die Wolfsjagd neu. Er schafft die Wolfsjäger ab, verpflichtet die Bauern gesetzlich zur Wolfsjagd und setzt Kopfprämien für erlegte Tiere aus.

Aus dem Mittelalter stammt der Aberglaube vom Wolf als Verkörperung des Unheilbringenden schlechthin. Bereits im Alten Testament wurde er zum Sinnbild des Bösen. Die Angst vor allem, was unberechenbar und unkontrollierbar ist, wird in Bildern von Hexen, Teufeln und Werwölfen festgeschrieben, in die immer wieder das Wesen des blutrünstigen Wolfs projiziert wird. Sein Heulen gilt als Zeichen dafür, dass die »Bestie« einen Pakt mit dem Teufel geschlossen hat. Diese Bilder vom Wolf sagen daher eher etwas über den Menschen von damals aus, über seine Ängste und Sorgen, als über den Wolf selbst.

Oben: Die Germanen verehrten den Wolf als Begleiter ihres höchsten Gottes Odin. In der christlichen Tradition wurde er zum Sinnbild des Bösen.

Linke Seite links: Seit der starken Bejagung ein seltener Anblick. Wölfe spielen nur, wenn sie sich völlig sicher fühlen können.

Linke Seite rechts: Von Menschen verfolgt suchen die Wölfe immer öfter Schutz in dichten Wäldern.

Legenden, Mythen, Märchen

Kaum ein anderes Tier hat die Fantasie der Menschen derart angeregt und kaum ein anderes hat in ihrer Kulturgeschichte eine ebenso große Rolle gespielt wie der Wolf. Er taucht als Gestalt in vielen Legenden, Mythen und Märchen auf. Nicht immer werden auf ihn nur die dunklen menschlichen Seiten projiziert.

In der Mythologie der Germanen begleiten den höchsten Kriegsgott Odin zwei Wölfe, Geri und Freki, und beschützen ihn vor allen Gefahren. Laut Odin ist es ein gutes Vorzeichen für den Ausgang des Kampfes, wenn ein Wolf heult. Doch mit dem bösen Fenrir, dem gewaltigen Dämon in Wolfsgestalt, kam für Odin und die ganze Welt der Untergang. In der nordgermanischen Mythologie jagen zwei Wölfe mit dem Namen Hati und Scalli den Mond und die Sonne über den Himmel, und nach einer anderen Sage reitet die alte germanische Göttin Hyndla auf einem Wolf. Eine slawische Sage wiederum berichtet vom Waldgeist Borowiec, der seine Hasen, Rehe und Hirsche mit Hilfe der Wölfe beschützt. Er benutzt sie als Hütehunde und wird »Herr der Wölfe« genannt.

Ebenfalls eine bedeutende Rolle spielt der Wolf in der Mythologie der Griechen und Römer. Hier gilt er als Beschützer der Menschen. Das alte Rom wurde der Sage nach von Romulus und Remus gegründet, die ihr Leben der Wölfin Lupa zu verdanken haben. Auch Aphrodite, die griechische Göttin der Liebe, erscheint oft in Begleitung eines Wolfs. Von Lykaon, König von Arkadien, wird berichtet, er sei in einen Wolf verwandelt worden, als er dem höchsten Gott, Zeus, das Fleisch seines Sohnes Arkas opfern wollte.

Wo Wölfe jagen, bleibt der Wald gesund.

Der Mongolenherrscher Dschingis Khan schließlich soll nach der »geheimen Geschichte« des Reitervolks von dem mythischen Wolf Bört-a-Tschao abstammen.

Die Vorstellungen des Menschen über den Wolf sind auch heute noch von großen Gegensätzen geprägt. Entweder ist er die reißende Bestie, oder sein Bild wird durch einen beinahe übernatürlichen Mythos verfälscht. Weder das eine noch das andere entspricht der Realität.

Für die meisten Menschen gelten Wölfe als geheimnisvoll, aber auch als potenziell gefährlich, unzähmbar und unkontrollierbar. Damit stellen sie einen Gegenpol zur Zivilisation auf unserem zu eng gewordenen Planeten dar. Je mehr Autobahnen das Land kreuzen, je mehr Wiesen unter Siedlungen und asphaltierten Wegen verschwinden und je größer die Mülldeponien werden, desto mehr steigt die Sehnsucht des Menschen nach der verloren gegangenen Natürlichkeit und Ursprünglichkeit. Auf der Suche nach einem Ausgleich zu der übertechnisierten und konsumfixierten Welt assoziiert er den Wolf mit seinen eigenen Urinstinkten wie Freiheit und Unabhängigkeit. Der Wolf ist damit zu einem Symbol für Freiheit und Abenteuer in der letzten Wildnis dieser Erde geworden. Die Faszination, die von ihm ausgeht, stößt auf ein wachsendes Interesse an diesem Tier, und immer mehr Menschen widersetzen sich seiner endgültigen Ausrottung.

Projekte zum Schutz des Wolfes

Bis in die siebziger Jahre des zwanzigsten Jahrhunderts wurde der Wolf in Europa schonungslos verfolgt und überlebte nur in den unzugänglichen Schluchten und Gebirgen der Abruzzen, der Karpaten und der spanischen Kordilleren. Seit etwa dreißig Jahren gibt es in Europa eine Reihe von Projekten zu seinem Schutz. In den meisten EU-Ländern ist der Wolf streng geschützt; fast in allen europäischen Ländern ist inzwischen der Einsatz von Giftködern verboten, in der Slowakei und in Rumänien darf er zumindest während der Welpenaufzucht nicht mehr gejagt werden.

Die Furcht und der Hass des Menschen haben sich teilweise ins Gegenteil gewandelt, und in manchen Ländern, wie in einigen Gebieten Nordamerikas, ist der Wolf sogar zum Publikumsmagneten und zur Fremdenverkehrsattraktion geworden.

Yellowstone-Park

Am bekanntesten ist wahrscheinlich der Yellowstone-Park, Amerikas ältester Naturschutzpark, im Nordwesten Wyomings und in den Randgebieten von Montana und Idaho.

Der letzte Wolf wurde hier vor achtzig Jahren im Rahmen eines offiziellen Ausrottungsprogramms erlegt. Fast zu spät erkannte man, welche große Rolle der Wolf für das ökologische Gleichgewicht spielt. Er steht als letztes Glied am Ende der Nahrungskette und ist so ein wichtiger Bestandteil einer gesunden Lebensgemeinschaft. Wölfe jagen mit Vorliebe alte, schwache oder kranke Tiere, die eine leichtere Beute darstellen. Damit sorgen sie für einen gesunden Wildbestand. Ein Sprichwort der eng mit der Natur verbundenen Inuit sagt: »Wo der Wolf jagt, sind die Karibuherden gesund.« Ein anderes Sprichwort lautet: »Wo Wölfe jagen, bleibt der Wald gesund.« Da die jungen Baumschösslinge, die für die Erneuerung des Waldes eine wichtige Rolle spielen, für Rehe und Hirsche geradezu eine Delikatesse sind, kann eine Überpopulation an Huftieren zu großen Zerstörungen an den jungen Pflanzen führen. Indem die Wölfe eine Überzahl an Huftieren ausgleichen, können solche Schäden verringert werden.

In den neunziger Jahren wurden im Yellowstone-Park über dreißig aus Kanada stammenden Grauwölfe in Eingewöhnungsgehege gebracht. Nach zehn Wochen Angewöhnungszeit wurden sie mit Radiohalsbändern versehen und freigelassen. Die ausgewilderten Tiere haben sich mittlerweile auf knapp dreihundert Wölfe vermehrt. Sie haben sich vor allem auf die Jagd der zahlreichen Elche verlegt, die für die Zerstörung der Grasflächen verantwortlich gemacht werden. Von den Wölfen zurückgelassene Beutereste sind für andere Wildtiere, wie Grizzlys und Adler, eine willkommene Nahrungsquelle. Die Wölfe haben auch die Zahl der Kojoten eingedämmt, was wiederum zu einer Vermehrung von kleinen Nagetieren geführt hat, die Füchsen, Habichten und Adlern als Nahrung dienen.

Trotz strengem Schutz leben die Wölfe im Park nicht ungefährlich. Es häufen sich Fälle, dass ein Wolf von einem Puma gerissen, von einem Auto überfahren oder in den heißen Quellen des Parks umgekommen ist. Außerdem wird es für die ständig wachsende Wolfspopulation im Park langsam zu eng. Wild ist zwar genug vorhanden, aber die Wolfsrudel brauchen einen gewissen räumlichen Abstand zueinander. So passiert es immer öfter, dass Wölfe bei der Suche nach einem neuen Revier aus dem Gebiet auswandern. Dort sind ihre größten Feinde die Viehzüchter, die um ihre Herden auf den Weiden in der Nähe des Nationalparks fürchten. Die Grauwölfe stehen zwar unter strengem Tierschutz, dürfen jedoch geschossen werden, wenn sie auf frischer Tat beim Reißen von Rindern oder Schafen ertappt werden. Die Rancher versuchten eine weitere Ansiedlung von Grauwölfen gerichtlich zu verhindern, scheiterten mit ihrer Klage aber vor dem Bundesgericht.

In Gegensatz zu den Viehzüchtern sind die übrigen Anwohner des Yellowstone-Parks über die neuen Nachbarn erfreut. Seit hier wieder Wölfe heulen, kommen die Wolfstouristen, Naturliebhaber und Fotografen in Scharen. Mit dem Fernglas können sie die Wölfe bei ihren Streifzügen oder beim Jagen beobachten, was zur besonderen Attraktivität dieses abgelegenen Naturschutzparks beiträgt. Auch die Souvenirläden machen gute Geschäfte mit dem Verkauf von Stofftieren und von Bildbänden, Postkarten und T-Shirts mit Wolfsmotiven.

Eine Freundin, die vor kurzem an einer Wolfsreise in den Yellowstone-Park teilgenommen hat, erzählte mir nach ihrer Rückkehr von ihren Erlebnissen: »Wir sind frühmorgens bei 27 Grad minus aufgebrochen. Als wir nach vierzig Minuten im Lamar Valley ankamen, dämmerte es gerade und wir beobachteten mit den Ferngläsern die Bergrücken und das weite Tal. Wir haben meist sofort Wölfe entdeckt. Sie gehören zum Druidrudel, das hier sein Territorium hat, aber auch schon Splittergruppen bildet. Wenn sie satt sind, wählen sie sich ein gutes Plätzchen, von dem aus sie alles im Blick haben, und machen ein manchmal Stunden dauerndes Schläfchen, andere Tiere gehen weiter auf Jagd. Wild gibt es im Park in

Im Schutz des Parks können sich die Wölfe sicher fühlen.

Genug Beute und wenig Menschen. Die schwer zugänglichen und wildreichen Karpaten sind heute das letzte große Rückzugsgebiet für Wölfe in Europa.

Unmengen. Wir haben riesige Wapiti- und Bisonherden gesehen, Dickhornschafe und vereinzelt Elche.

Wenn irgendwo eine Jagd beginnt, merkt man es am Verhalten der ausgewählten Beutetiere, lange bevor man die Wölfe selbst zu Gesicht bekommt. Ich stand einmal auf einem Hügel, als mir eine Wapitikuh auffiel, die angespannt in eine Richtung blickte. Nach zehn Minuten tauchten dort fünf Grauwölfe auf; sogleich kam Bewegung in die Herde, und dann verschwanden alle hinter der Anhöhe. Wenig später stiegen wir den Hügel hinunter zu unserem Auto, um weiterzufahren. Plötzlich rannte die Wapitikuh, von einem Wolf verfolgt, über die Straße und sprang in Panik in einen kleinen Bach. Gleich war ein zweiter Wolf zur Stelle; beide versuchten nach ihr zu schnappen, aber die Kuh schlug mit den Läufen nach ihnen. Nach einer Weile gaben die Wölfe auf, im Wasser hätten sie gegen die wild um sich tretende Wapitikuh keine Chance gehabt. Vielleicht fühlten sie sich aber auch durch uns gestört, wir waren nur etwa sechzig Meter entfernt.

Durch das Tal führt eine Straße mit etlichen Haltebuchten. Man darf auch nur dort anhalten, aber viele Besucher missachten diese Anweisung. Sobald in der Nähe der Straße Wölfe auftauchen, treten sie auf die Bremse, und im Nu sammelt sich ein Dutzend Autos. Im Park patroullieren zwar Ranger, aber auch sie können nicht überall gleichzeitig sein. Im Winter, als wir das Tal besucht haben, herrschte noch entspannte Ruhe. Im Sommer dagegen wimmelt es von Touristen, die mit ihren Autos und in Bussen hierherkommen.

Ich hatte übrigens das Gefühl, dass einige schlaue Wölfe die Straße für ihre Jagd nutzen. Sie treiben die menschenscheuen Wapitis dorthin, um sie noch mehr zu verwirren. Die in Panik geratenen Tiere sind für sie eine leichtere Beute. Immer wieder haben wir Kadaver in Straßennähe gesehen. Andererseits haben wir auch erlebt, dass ein Wolf versuchte, die Straße zu überqueren, um sich seinem Rudel wieder anzuschließen. Als sich die Autos sofort sammelten, musste der Wolf einen riesigen Bogen machen, was bei fünfzig Zentimetern Schnee auch für ihn recht mühsam war.

Dennoch ist der Park für die Wölfe eine gute Sache, hier können sie geschützt leben.«

Karpaten

Wenn ein Europäer Wölfe in freier Natur erleben möchte, muss er nicht bis in die USA reisen. In Rumänien, einer der ärmsten und zugleich einer der wildreichsten Regionen Europas, besteht die Möglichkeit, wild lebende Wölfe zu beobachten. Die schwer zugänglichen Bergregionen der Karpaten sind Rückzugsgebiet des größten Raubtierbesatzes Europas. Neben Bär und Luchs lebt hier eine stabile Population von über dreitausend Wölfen, was etwa einem Drittel des europäischen Bestandes entspricht.

Im Rahmen eines sanften Ökotourismus organisiert die rumänische Schutz- und Forschungsstation in den Karpaten internationale Wolfs-Workcamps für Jugendliche, Wildbeobachtungsreisen und so genannte Heulexkursionen. Die Gäste werden oft in privaten Pensionen untergebracht, was der Bevölkerung zusätzliche Einkünfte aus dem Tourismus bringt.

Die in den Karpaten lebenden Bauern und Hirten haben den Umgang mit dem Großraubwild nie verlernt. Der rumänischen Bevölkerung ist der Wolf nicht fremd geworden. Sie betrachteten ihn schon immer als festen Bestandteil der Natur, sie kennen und akzeptieren ihn und sehen in ihm nicht nur die Verkörperung des Bösen. Da es hier schon immer Wölfe gab, konnten die Schafe auf den Weiden des Wolfsreviers noch nie unbeaufsichtigt bleiben. Darüber hinaus ist in Rumänien die Viehzucht mit traditionellen Herdenschutzmassnahmen erhalten geblieben. Es werden kleinere Schafherden gehalten, die oft zur Milchgewinnung dienen. Tagsüber werden sie von den Schäfern und deren dazu speziell gezüchteten und erfahrenen Hirtenhunden bewacht. Abends werden sie zum Melken hinter schüt-

zende Zäune oder in Stallungen geholt, wo sie vor Überfällen durch Wölfe sicher sind.

Die Hauptgefahr für die Wölfe liegt in der Zerstörung ihres Lebensraums und Rückzuggebiets. Auch die ständig wachsende Zahl der Jäger, die sich seit dem Machtwechsel im Jahre 1989 mehr als verdoppelt hat, macht den Wölfen zu schaffen. Viele Jäger schießen sofort, sobald sie einen Wolf vor die Flinte bekommen. Wenn sie dabei ein Alphatier töten, kann das ganze Rudel auseinander brechen. Auch wenn sich das Rudel nicht auflöst, dauert es einige Zeit, bis die Rangfolge neu geregelt ist. Ohne Führung ist es für die Wölfe schwierig, genügend Wild zu reißen; deshalb vergreifen sie sich in der Zwischenzeit notgedrungen an Haustieren. Somit erreicht man mit der Tötung eines Wolfes unter Umständen genau das Gegenteil dessen, was beabsichtigt war. Der Schaden für den Menschen erhöht sich durch das unüberlegte Handeln der Jäger.

Die rumänischen Wölfe zeigen, wie groß die Anpassungsfähigkeit dieser Tiere sein kann. Auf ihrer Suche nach Nahrung verlassen manche Tiere die Wälder und kommen den Städten und damit auch den Menschen immer näher. In Rumänien gibt es ein Projekt, Carpathian Large Carnivore Project, zur Beobachtung und zum Schutz der Wölfe. Eine Wölfin, die von den Forschern Timish genannt wurde, zog ihre Jungen in der unmittelbaren Umgebung der Stadt Brasov auf. Ihre nächtlichen Streifzüge führten regelmäßig quer durch die Stadt und durch den nächtlichen Verkehr. Niemand aus der Bevölkerung nahm die »Stadtwölfin« zur Kenntnis, offenbar hielten alle den Wolf für einen streunenden Hund. Da die Wölfin im Rahmen des international unterstütz-

Durch ihre Anpassungsfähigkeit erobern die Wölfe verlorene Gebiete zurück.

ten Forschungsprojekts mit einem Halsband mit Peilsender ausgestattet war, konnte man ihre Lebensgewohnheiten genau verfolgen. Da der Sender nach einiger Zeit ausgefallen ist, fehlt heute leider jede Spur von ihr.

Ziel des Projekts ist unter anderem, ein Beispiel für die Möglichkeit des Zusammenlebens der großen Raubtiere mit dem Menschen zu geben. Und es zeigt, dass Menschen und Großraubtiere durchaus nebeneinander leben können. Die Bevölkerung soll über die tatsächlichen Schäden, die durch den Wolf verursacht werden, aufgeklärt werden. Nach der Statistik gehen nur zwei Prozent der gerissenen Schafe auf sein Konto. Das sind jährlich etwa dreitausend Schafe, was durchschnittlich ein Schaf pro Wolf bedeutet, ein vergleichsweise geringer Verlust.

Italien und Frankreich

Nicht nur in Rumänien, sondern auch in Italien trauen sich die Wölfe bis in die Vororte der Städte, wo sie auf den Mülldeponien eine neue Nahrungsquelle für sich entdeckt haben. In Italien nennt man diese Tiere scherzhaft »Spaghetti-Wölfe«, da sie sich auf den Müllhalden unter anderem von Nudelresten ernähren. Ein weiterer Beweis für die Anpassungsfähigkeit der Art Grauwolf.

Die italienischen Wolfsbestände erhöhen sich ständig, und die Wölfe sind vielerorts wieder auf dem Vormarsch. Sie breiten sich entlang der Bergkette des Apennins nach Norden in Richtung Frankreich und Schweiz aus.

In Frankreich gibt es inzwischen eine kleine Wolfspopulation von etwas weniger als hundert Tieren. Das alpine Gebiet, wo die Wölfe heute leben, ist reich an Beständen von Gemsen, Mufflons und Steinböcken. In den Sommermonaten werden hier Hunderte von Schafen auf die Weiden getrieben, wo sie in der Regel ohne Aufsicht sind. Für einen jagenden Wolf ist dies wie eine Einladung an einen gedeckten Tisch, und so sind die Konflikte zwischen den Tierbesitzern und den Wölfen unvermeidlich. Verärgerte Schafzüchter protestieren und verlangen, dass die Regierung die Wölfe zum Abschuss freigibt.

Schweiz

Da im Nachbarland Schweiz die Wildbestände außerordentlich groß sind, sind in letzter Zeit wiederholt einzelne Wölfe aus Italien und Frankreich eingewandert. Bei den ersten Einwanderern handelt es sich vorwiegend um junge männliche

Tiere, die sich infolge ihrer geringen Jagderfahrung fast ausschließlich an Nutztiere halten. Überall, wo der Wolf im Verlauf der letzten Jahrhunderte ausgerottet wurde, erregt er bei seinem Wiederauftauchen großes Aufsehen und löst heftige Diskussionen aus. Eine im Auftrag des WWF in der Schweiz durchgeführte Umfrage ergab dennoch ein überraschendes Ergebnis: Von über tausend befragten Schweizern und Schweizerinnen haben 77 Prozent die Rückkehr des Wolfes befürwortet. Interessant wäre allerdings zu erfahren, wie viele von den Befragten Bauern oder Hirten waren.

Bei den Schafzüchtern ist die Empörung über die Wiederkehr des Wolfes groß. Wie in Frankreich fehlt den Viehhaltern in den Schweizer Alpen die Erfahrung mit Wölfen. Die Schafe weiden hier aus wirtschaftlichen Gründen mehr oder weniger unbeaufsichtigt und werden lediglich ein- bis zweimal pro Woche kontrolliert. Diese Tiere stellen auch noch ein anderes Problem dar. Ohne Aufsicht überweiden sie manche Gebiete zu stark, was eine Beschädigung der Grasnarbe und damit Erosion zur Folge hat. Bei knapp einer halben Million Schafen in der Schweiz sind Konflikte mit dem Wolf vorprogrammiert. Solche unbeaufsichtigten Tiere sind für den Wolf eine einfache Beute, und wo er einmal einen Jagderfolg hatte, dorthin kehrt er immer wieder zurück.

Exkurs: Jagdinstinkt und Nutztierhaltung

Verfolgte und in Panik geratene Schafe legen bei den Wölfen eine Reihe von Jagdinstinkten frei, so dass oft mehr Beute gerissen wird, als der Wolf selbst fressen kann. Dieses Verhalten ist für alle Raubtiere ganz natürlich. Genauso verhält sich ein Marder im Taubenschlag oder ein Fuchs im Hühnerstall. Kürzlich von autonomen Tierschützern freigelassene Geparde aus dem Krefelder Zoo haben nachts im Nachbargehege der Känguruhs ein wahres Massaker angerichtet, ohne ein einziges Tier zu fressen. Auch eine Hauskatze muss nicht an Hunger leiden, um Mäuse oder Singvögel zu fangen.

Um dies verständlicher zu machen, kann ich dazu auch auf die Erfahrungen mit meinen Wölfen zurückgreifen. Sie kennen es von klein auf, dass sie im Wildpark regelmäßig an der Leine spazieren gehen dürfen. Sie kennen auch ihre tierischen »Nachbarn«, und meistens interessieren sie sich kaum für sie. Fast immer bleiben sie ihnen gegenüber gleichgültig, egal ob wir am Gehege mit Rotwild, Schafen oder Ziegen vorbeilaufen. Bis zu einem bestimmten Punkt funktioniert dies alles

Wölfe jagen ihre Beute im Rudel mit ausgeklügelter Strategie. Das Einkreisen des Beutetiers wird als erfolgreiche Jagdtaktik angewandt.

bestens. Wenn die anderen Tiere aber aus irgendeinem Grund erschrecken, panikartig reagieren und die Flucht ergreifen, wird der Jagdinstinkt der Wölfe sofort geweckt. Die aufgeregten Tiere werden von ihnen als geeignete Beute angesehen. In diesem Augenblick interessiert es die Wölfe wenig, dass sie an diesem Tag zu dritt bereits ein ganzes Reh verspeist haben und ihre Bäuche so voll sind, dass sie kaum noch laufen können. Eine gute Jagdchance schnell zu erkennen und zu nutzen liegt ihnen im Blut und ist für sie überlebenswichtig. Der Jagdtrieb wird vielleicht auch durch ihre Rudelzugehörigkeit verstärkt: Der Wolf muss immer zugleich für alle anderen Gefährten mitjagen und bei einer solchen Gelegenheit sofort zuschlagen. Denn er kann nie im Voraus wissen, wann sich die nächste Beute bietet. Das im Gehege eingesperrte Wild mit seinen begrenzten Fluchtmöglichkeiten ruft bei meinen zahmen Wölfen wahrscheinlich genau die gleichen Reaktionen hervor, wie es eine ungeschützte Schafherde bei frei lebenden Wölfen tut. Der Jagdreflex wird durch das unnatürliche Verhalten der Beute ausgelöst. In der Natur findet man keinen Fall, wo ein jagendes Wolfsrudel sinnlos zwanzig Hirsche oder Rehe getötet hätte.

Die Nutztierhaltung ermöglicht dem Menschen, eine große Zahl von Tieren auf kleinstem Raum zu halten. Durch Zucht und Selektion hat der Mensch über die Jahrtausende bei den Haustierrassen die Scheu abgebaut. Er hat zutraulichere und leichter manipulierbare Tiere herangezüchtet, was gleichzeitig ihre Verletzlichkeit durch Raubtiere vergrößert. Im Laufe der Zeit wurden verschiedene Methoden zum Schutz der Herden entwickelt, die aber mit der Ausrottung der Wölfe wieder in Vergessenheit gerieten. In der fast raubtierfreien Schweiz wurde, noch bevor die ersten Wölfe kamen, durch die Auswilderung des Luchses eine negative Stimmung gegenüber den Raubtieren erzeugt. Wilderei ist die Folge, und so werden die meisten Wölfe, sobald sie auftauchen, illegal abgeschossen. Nur wenige dieser Fälle werden bekannt. Mittlerweile häufen sich die Schäden an Haustieren, vor allem an unbeaufsichtigten Schafen im Wallis.

Wenn der Schaden an Nutztieren ein tolerierbares Maß überschreitet, erteilt die Schweizer Regierung eine Abschussbewilligung für den »Schadwolf«. Doch die finanzielle Entschädigung durch den Staat befriedigt die Schafzüchter nicht. Mit den Verlusten werden oft lange Zuchtlinien unterbrochen und die Arbeit von Jahren zunichte gemacht. Die Schafzüchter sind erbittert und verdächtigen sogar die Naturschützer, den Wolf heimlich wiederangesiedelt zu haben. Genetische Untersuchungen ergaben jedoch, dass es sich zweifelsfrei um Wölfe aus italienischen Populationen und so um eine natürliche Zuwanderung handelt.

Das schweizerische Bundesamt für Umwelt, Wald und Landschaft arbeitet Vorschläge und Projekte aus, wie den Sorgen der Bauern Rechnung getragen werden kann, ohne den Wolf erneut auszurotten. Gesetzlich ist der Wolf in der Schweiz geschützt, aber solange es zu Konflikten zwischen Mensch und Wolf kommt, ist sein Schutz wirkungslos. Die Herausforderung der kommenden Jahre wird es sein, neue Schutzmethoden zu entwickeln und die alten wiederzubeleben. Der Schutz der Herden durch Hirtenhunde und bei Nacht durch einen Zaun oder eine Hütte ist unverzichtbar. Auch der Esel, der sich erstaunlich mutig in der Abwehr von Wölfen, Füchsen oder streunenden Hunden zeigt, soll wieder zum Einsatz kommen. Diese Aufgabe ist jedoch ohne die Zusammenarbeit und Eigeninitiative von Schafzüchtern und Hirten unlösbar. Nur wenn Mensch und Wolf nebeneinander leben können, bleiben die Wölfe vor der Verfolgung verschont. Dies gilt für alle Menschen in den Gebieten, die von neuem Erfahrungen mit Wölfen oder anderen Großraubtieren machen.

Der Wolf kehrt zurück nach Deutschland.

Deutschland

Auch Deutschland gilt wieder als Einwanderungsland für Wölfe. Vereinzelt kommen sie in Mecklenburg-Vorpommern, Brandenburg und Sachsen vor. Sie durchschwimmen den Grenzfluss Oder zwischen Polen und Deutschland. Andere nehmen den Weg über die polnische Südgrenze und folgen den Höhenzügen der Karpaten und Sudeten bis ins Erzgebirge. Am Anfang des Jahres 2000 sorgte in der Nähe von Eisenhüttenstadt der dreibeinige Wolf Naum für Schlagzeilen. Seine rechte Hinterpfote hatte er vermutlich in einem Fangeisen verloren. Er verfolgte eine läufige Schäferhündin. Da man befürchtete, dass er sich aufgrund seiner Behinderung an Haustieren vergreifen könnte, wurde er gefangen und im Gehege des Wildparks Schorfheide untergebracht. Das größte Ereignis mit einem Wolf geschah aber keine hundert Kilometer vom dicht besiedelten Berlin entfernt. Zum ersten Mal seit über einhundertfünfzig Jahren zog hier in der Muskauer Heide auf einem 600 Quadratkilometer großen Truppenübungsplatz eine frei lebende Wölfin ihre Jungen groß. Das Lausitzer Wolfsrudel genießt große Sympathien in weiten Teilen der Bevölkerung. Die Schäden an Haustieren sind bis jetzt gering und werden vom sächsischen Staat großzügig ersetzt. Falls sich aber die Wölfe allzu oft an ungeschützten Weidetieren oder sogar an einem Hund vergreifen, kann es geschehen, dass die Begeisterung der Bewohner ins Gegenteil umschlägt und alte, fast schon vergessene Urängste wieder wachgerüttelt werden.

Trotz den Sympathien der Bevölkerung und strengem Schutz werden immer wieder einzelne Wölfe mit streunenden Hunden verwechselt und abgeschossen. Anfang November 2002 taucht in Niedersachsen zum erstenmal nach zweihundert Jahren ein freilebender Wolf auf. Bei seiner Wanderung durch den südlichen Landkreis Göttingen bis zum Harzrand vergreift er sich zweimal an Schafen, Menschen geht er aus dem Weg. Nach einiger Zeit entdecken Spaziergänger im Wald ein frisch gerissenes Reh mit einem Tier, das sie für einen wildernden Hund halten. Ein herbeigerufener Jäger fühlt sich von dem knurrenden »Schäferhund« bedroht und erschießt den einzigen in Niedersachsen lebenden Wolf. Die Überprüfung des Mikrochips, den die tote Wölfin trug, ergibt, dass es sich um die etwa ein halbes Jahr zuvor aus einem Tierpark in Vogtland ausgebrochene Wölfin Bärbel handelt. Die »Gehegewölfin« hatte sich erstaunlich schnell an die Freiheit angepasst. Bei ihren Streifzügen durch das Vogtland und Böhmen bis nach Niedersachsen hatte sie Hunderte von Kilometern zurückgelegt und sich bis auf zwei Ausnahmen ausschließlich von wild lebenden Tieren ernährt. Der tragische Tod der Sympathieträgerin Bärbel rief bei ihren Fans Trauer und Wut hervor. Der verantwortliche Jäger bekam sogar mehrere Morddrohungen.

Auch ich war sehr traurig über ihren Tod. Auf der andere Seite war ich mir, ohne Vorurteile zu haben, bewusst, dass diese Wölfin tatsächlich eine Gefahr für unvorsichtige Menschen, Hobby-Wolfsliebhaber oder Kinder hätte sein können. Bei allem Wohlwollen darf man nicht vergessen, dass der Wolf ein Raubtier ist und dass die meisten Unfälle gerade mit zahmen oder halbzahmen Tieren geschehen. Bärbel war in Gefangenschaft geboren worden. Obwohl sie während ihrer Wanderung den Kontakt zu Menschen möglichst vermieden hat, war ihre Scheu und somit auch ihre Fluchtbereitschaft Menschen gegenüber nicht so ausgeprägt, wie es bei einem wilden Wolf der Fall ist. Sie hat sich beim Fressen nicht einmal durch Spaziergänger stören lassen, und sogar der Jäger konnte sich ihr auf wenige Meter nähern. Anstatt zu flüchten, umkreiste ihn die Wölfin und versuchte, ihre Beute zu verteidigen, wofür sie schließlich mit ihrem Leben bezahlt hat. Der Wolf ist nach EU-Recht geschützt, und der Jäger hat unwissentlich gegen das Artenschutzgesetz verstoßen.

Trotz ihres bedauernswerten Todes hat die entlaufene Wölfin Bärbel eine wichtige Rolle erfüllt. Sie hat die Medien auf sich aufmerksam gemacht und das Interesse der Bevölkerung für das Thema der frei lebenden Wölfe geweckt. Glücklicherweise kam es zu keiner direkten, folgenreichen Konfrontation zwischen ihr und dem Menschen. Selbst die kleinste Verletzung hätte die jahrelange Aufklärungsarbeit über wild lebende Wölfe zunichte gemacht. Das fast überwundene Bild der blutrünstigen Bestie wäre erneut erwacht. Und die Begeisterung oder Unterstützung der Bevölkerung für die Rückkehr des Wolfs nach Deutschland wäre hinfällig gewesen.

Polen

Im Nachbarland Polen wird der Wolfsbestand auf etwa achthundert Tiere geschätzt. Genauere Zahlen lassen sich nur schwer ermitteln. Trotz der Nähe der Menschen leben hier mehrere Wolfsrudel. So etwa in einem Ferienort in den Schlesischen Beskiden nahe der Grenze zur Slowakischen Republik, wo die Täler dicht besiedelt sind und im Winter sich Skifahrer an den steilen Berghängen tummeln. Doch die Wölfe lassen sich durch sie offensichtlich nicht stören.

Ein weiteres Wolfsgebiet liegt in den Wäldern Westpolens. Das über vierhundert Quadratkilometer große zusammenhängende Forstschutzgebiet, keine Autostunde von der deutsch-polnischen Grenze entfernt, bietet den Wölfen optimale Lebensbedingungen. In Polen hat man den Wolf bis Mitte der neunziger

Jahre bejagt, erst seit 1998 ist er ganzjährig geschützt. Im Jahr 2001 wurde vom internationalen Tierschutz-Fonds ein Projekt zum Schutz des Wolfes eingeleitet.

Skandinavien

Die unberührte Natur und die weiten, wildreichen Wälder Skandinaviens könnten einer starken Wolfspopulation Zuflucht bieten. Doch ein Großteil der skandinavischen Bevölkerung hegt generell eine negative Einstellung gegenüber Raubtieren. Der Grund dafür liegt in Norwegen in der Rentierhaltung und in Schweden im Interesse der Menschen an der Elchjagd.

Oben: Lange Wanderungen einzelner junger Rüden sichern den Bestand der Wölfe in ganz Skandinavien.

Unten: In Russland werden Wölfe ganzjährig mit allen Mitteln bejagt.

Die Wölfe sind verhasst und werden mit allen Mitteln verfolgt. Besonders wirksam ist die Wolfsjagd mit Motorschlitten, und so wurde in den siebziger Jahren der letzte norwegische Wolf erlegt. In Schweden lebte Anfang der neunziger Jahre gerade noch ein einziges Wolfspaar, das aber unter der starken Inzucht litt. Nach Meinung der Forscher gehen die heute in Schweden heimischen Wölfe auf einen einzelnen, aus Finnland zugewanderten Wolfsrüden zurück. Er erhöhte die genetische Vielfalt, was, so vermutet man, zur Erholung der Wolfsbestände in Schweden geführt hat. Mit heute etwa einhundert Tieren ist der skandinavische Wolfsbestand trotzdem immer noch sehr klein. Wissenschaftler in Schweden und Norwegen gehen davon aus, dass hier mindestens fünfhundert Wölfe leben müssten, um einen gesicherten Stamm für die Zukunft zu bilden.

Spanien

In Spanien leben etwa noch zweitausend Wölfe. Es gibt dort eine relativ große Anzahl von Haustieren, vor allem Schafe und Ziegen, von denen immer wieder einige Tiere durch Krankheiten oder Unfälle umkommen. Diese Kadaver sind für die spanischen Wölfe eine der wichtigsten Nahrungsquellen. Aus diesem Grund werden von der Naturschutzstiftung Euronatur unter anderem auch die Schafhaltung und die Wanderschäferei in Spanien gefördert.

Ein Bekannter, der schon längere Zeit in Spanien lebt, erzählte von einem benachbarten Bauern, der schon mehrmals beim Abernten seiner Kornfelder auf dem blanken Boden einen ganzen Wurf von Jungwölfen gefunden hat. Bisher war ich der Meinung, dass ein Wolf seine Jungen grundsätzlich nur in einer Wurfhöhle gebärt. Die Wölfe in diesem Gebiet verlassen sich jedoch offensichtlich darauf, dass ihnen die riesigen Felder genügend Schutz bieten. Die Jungen waren

vom Bauern jeweils getötet worden. Die letzten drei aufgefundenen Jungwölfe hat er mit nach Hause genommen. Sie dürften keine zehn Tage alt gewesen sein, da sie noch blind waren. Die Familie des Bauern versuchte, die Welpen aufzuziehen. Eine Wölfin hat überlebt und fristet seitdem ihr trauriges Dasein eingesperrt in einen kleinen schmutzigen Zwinger im Hinterhof.

Russland

Etwa vierzig Prozent der weltweit frei lebenden Wölfe findet man heute noch in den Gebieten der ehemaligen Sowjetunion. Die Überlebensbedingungen in Russland sind für die Tiere keineswegs leicht. Sie werden dort traditionell als gefährlicher Feind der Haustiere betrachtet und ganzjährig mit allen Mitteln bejagt. Dabei sind auch unweidmännische Methoden erlaubt, die bei anderen Wildtieren verboten sind, wie zum Beispiel die Jagd aus dem Flugzeug, das Benutzen von Schlingen oder Gift.

Wer das Abenteuer der Jagd auf einen Wolf sucht, kann ganz einfach über Internet eine entsprechende Reise buchen. Mehrere Internetseiten werben für Wolfsjagden in Gegenden mit »explodierender Wolfspopulation« und »notwendigen Reduktionsabschüssen, wenn man nicht Marale oder andere Hirscharten opfern will«. Neuste Untersuchungen der russischen Wolfsexperten haben jedoch ergeben, dass die offiziell bekannten hohen Zahlen nicht stimmen und im Gegenteil die Wolfspopulation in Russland stark rückläufig ist. Trotzdem werden weiterhin Wolfsabschüsse an ausländische Devisen bringende Trophäenjäger oder einheimische reiche Städter angeboten und verkauft. Die Jagdgäste werden von er-

fahrenen Berufsjägern zu dafür speziell angelegten Luderplätzen mit Ansitzschirmen gebracht, oder es wird eine Hetzjagd aus dem Hubschrauber, dem Geländewagen oder Motorschlitten veranstaltet. Trotz Einsatz all dieser Mittel ist die Jagd auf die scheuen Wölfe schwierig, und die Veranstalter verdienen ihr Geld nur nach Erfolg, wenn also tatsächlich ein Wolf erlegt wird. Deswegen kaufen sie häufig Wolfswelpen und ziehen sie groß, um sie später vor die Läufe der ahnungslosen Jäger zu treiben.

Für den Schutz und die Erhaltung der Wölfe setzen sich einzig die Mitglieder einer biologischen Station in der Region Tver zwischen Moskau und St. Petersburg ein, in dem Gebiet mit der größten Wolfsdichte im europäischen Teil Russlands. Mit Hilfe von Freiwilligen und Studenten werden hier unter anderem Feldforschungen durchgeführt, um verlässliche Zahlen des Bestandes an frei lebenden Wölfe zu ermitteln. Es wird auch an der Entwicklung einfacher Herdenschutzmethoden zur Abschreckung der Wölfe gearbeitet. In Russland werden nämlich nur selten Hunde zum Schutz der Herden gehalten, und die wenigen eingesetzten Hunde werden auch noch viel zu oft von Wölfen gerissen. Deshalb bedarf es zum Schutz der Haustiere anderer Mittel. Als wirksam haben sich so einfache Dinge wie am Zaun um die Koppel angebrachte bunte Stofffetzen, knisterndes Zellophan oder glitzernde Alufolienstreifen bewährt. Einzelne Schafe der Herde erhalten zusätzlich ein Glöckchen um den Hals. Bei dieser Art des Schutzes macht man sich die angeborene wölfische Vorsicht und Scheu zunutze und erhofft sich, den ewigen Konflikt zwischen Viehhaltern und Wolf etwas zu entschärfen. Solange die Regierung den Einsatz von Giftködern zur »Bestandskontrolle« zulässt und Kopfgelder für erlegte Tiere auszahlt, wird es aber kaum möglich sein, die russische Bevölkerung in Sachen Wolf umzustimmen.

Vor kurzem hatte ich die Gelegenheit, mich mit einem jungen Wildhüter aus Kirgisistan zu unterhalten. Er ist manchmal monatelang in der schwer zugänglichen Bergregion, in einer Wildnis mit ewigem Schnee und zahllosen Gletschern, unterwegs. Seine Aufgabe ist, die hier lebenden und vom Aussterben bedrohten Schneeleoparden vor Wilderern und illegalen Fellhändlern zu schützen. Bei einer gemütlichen Runde Tee erzählte er mir von den Leoparden und auch von anderen Tieren dieser Region. Neben sibirischen Steinböcken, sibirischen Hirschen, Bären und Schneeleoparden leben hier auch noch Wölfe, die mich natürlich am meisten interessierten. Er berichtete, dass er öfter ihre Spuren im Schnee findet und dass er schon mehrmals direkt aus dem Fenster seiner Holzhütte im Basislager vorbeiziehende Wölfe beobachten konnte.

Darauf holte ich mein Fotoalbum mit unzähligen Wolfsaufnahmen. Wir blätterten darin, ich kommentierte die Bilder und er hörte aufmerksam zu. Da er mit der Natur und der echten, uns unbekannten Wildnis so verbunden war und ich seine Begeisterung für die Wölfe zu spüren glaubte, schlug ich ihm einen Besuch beim Gehege mit meinen Wölfen vor.

Der Wolf – nicht nur Inbegriff des Bösen, sondern in russischen Mythen und Märchen auch Helfer.

Zu meiner Überraschung kam jedoch statt der erwarteten Zustimmung eine strikte Absage. In Russland ist der Hass den Wölfen gegenüber tief verwurzelt. Der Wolf wird hier nicht nur von Viehhaltern und Bauern, sondern von der Bevölkerung überhaupt verabscheut. Selbst bei Zoologen, Biologen und naturverbundenen Menschen findet man keine gute Beziehung zu den Wölfen. Es handelt sich hier allerdings nicht um das »Rotkäppchensyndrom«, mit dem man in den europäischen Ländern oft den Wolfshass zu erklären versucht. In den armen Gegenden Russlands ist der Wolf für die Menschen vielmehr von jeher ein Nahrungskonkurrent, der in ihren spärlichen Viehbeständen wildert.

Trotzdem ist in den alten russischen Märchen der Wolf nicht der Inbegriff des Bösen, vielmehr erscheint er als Held und Helfer. Wie zum Beispiel in der Geschichte von dem einsamen Jäger, der einen Wolf aus der Falle befreite und damit sein Leben rettete. Aus Dankbarkeit führt ihn der Wolf an einen geheimen Ort zu einem Obstgarten, wo ein alter Apfelbaum wächst, der ganz besondere Früchte trägt. Wenn man einen einzigen Apfel davon isst, bleibe einem die Jugend ewig erhalten. Der Mann pflückt einen Apfel und isst ihn, fühlt sich aber weiterhin unglücklich und noch einsamer als zuvor. Da sagt der Wolf, dass er ihm auch da helfen könne. Er nimmt den Jäger auf seinen Rücken, trägt ihn über hohe Berge und tiefe Wälder, bis er endlich sein Ziel erreicht. Er bringt ihn zu einem wunderschönen Mädchen. Sie verlieben sich, heiraten und sind glücklich. Der Wolf aber verschwindet wieder in der Wildnis. Anders als in diesem alten Märchen, das heute noch den Kindern vorgelesen wird, sieht die Realität für den Wolf heute in Russland aus. Es wird wohl noch eine Weile dauern, bis man hier seine Bedeutung erkennt, die Vorurteile ablegt und endlich versteht, dass man mit dem Schutz des Wolfes auch für alle anderen Tierarten, für eine intakte Natur und Umwelt sorgt.

Mein Traum

Tief in der Nacht träume ich wieder meinen Traum, den Traum von den frei und sorglos durch die Landschaft trabenden Wölfe. Im Gegenlicht des Vollmonds kann ich nur ihre dunklen Silhouetten erkennen. Sie laufen und laufen, ohne sich umzuwenden, bis sie die kleine Erhöhung am Horizont erreichen. Dort bleiben sie stehen, treten vor Aufregung von einem Bein aufs andere, jaulen, wedeln mit dem Schwanz und umtänzeln sich gegenseitig, bis einer von ihnen die Schnauze zum Himmel reckt und die erste Strophe des Wolfsliedes zu singen beginnt. In Nu heulen sie alle mit. Trotz der Entfernung ist in der frostigen Luft ihr heißer Atem erkennbar.

Der etwas unheimliche, aber zugleich melodische und unbeschreiblich schöne Gesang klingt durch die Nacht, er erzählt von den endlosen Jagdgründen, von den unabsehbaren Weiten und der Erfüllung ihres Freiheitsdrangs. Die verschiedenen Stimmlagen und Tonhöhen der einzelnen Wölfe erwecken den Eindruck eines viel größeren Wolfsrudels. Es ist ein überwältigendes Schauspiel. Nach einer Weile ist das Lied zu Ende, regungslos bleiben die Wölfe stehen und überblicken von der Anhöhe die weite Ebene. Jeder von ihnen schaut in eine andere Richtung, spitzt seine Ohren und wartet, ob aus der Stille eine Erwiderung kommt. Aber auch diesmal bleibt ihr Ruf ungehört. Dennoch geben sie nicht auf. Jede Nacht kehren sie hierher zurück, rufen und warten.

Es liegt in der Hand des Menschen, ob die Wölfe aus meinem Traum von ihren Brüdern aus der Realität irgendwann eine Antwort bekommen werden.

Was kann der Wolf dem Menschen bedeuten?

Wolf und Sterben

Eigentlich hatte ich heute so viel vor, aber dann klingelt das Telefon. Eine Frau aus Bremen ruft mich an, und wie ich nach und nach erfahre, ist sie sterbenskrank. Sie erzählt mir ihre Geschichte, über ihre fortgeschrittene Leukämie, über das Leiden, das sie schon hinter sich hat und was ihr noch bevorsteht, und über ihren letzten und größten Wunsch: Ihr Traum ist es, Wölfen zu begegnen, sie kennen zu lernen und anfassen zu dürfen. Die Frau, deren Schicksal mich immer stärker berührt, teilt mir mit, dass sie sich in zehn Tagen einer Behandlung unterziehen muss, die über Leben und Tod entscheiden wird. Weil sie sich bewusst ist, dass ihre Chancen nicht gut stehen, möchte sie ihren Traum auf jeden Fall noch vor dem Krankenhausaufenthalt verwirklichen. Ich höre still zu, wie sie sich über den Besuch Gedanken macht. Sie ist sich nicht sicher, ob sie noch genügend Kraft findet, um die ersehnte Begegnung mit den Wölfen durchstehen zu können. Manchmal fühlt sie sich besser, manchmal ist sie schon sehr schwach. Ein Besuch bei mir wird von ihrer Tageskondition abhängen. Ich schlage vor, dass sie mich anruft, sobald sie sich besser fühlt und sich die Reise hierher zumutet.

Wolf und Tod verbindet eine tiefe mystische Beziehung.

Nach dem Gespräch bleibe ich aufgewühlt neben dem Telefon sitzen. Vergessen ist, was ich heute noch alles vorhatte. Ich versuche, die todkranke Frau zu verstehen, mich in ihre Gedanken, in ihre Lage zu versetzen. Warum ist ihr letzter Wunsch gerade, sich mit Wölfen zu treffen? Wenn ich in ihrer Situation wäre, hätte ich vermutlich meine Wölfe gerne auch noch einmal umarmt und von ihnen Abschied genommen – aber warum sie? Sie, die vor der Krankheit nie eine besondere Beziehung zu Wölfen hatte? Wie kommt es bei dieser Frau, die dem Tod ganz nahe ist, zu der Sehnsucht, einem Wolf zu begegnen?

Der Wolf als Seelengeleiter

Wolf und Tod verbindet eine tiefe mystische Beziehung. In der europäischen Geschichte erscheint der Wolf immer wieder als Begleiter beim Übergang in die andere Welt. Herecura, die Todesgöttin, die an der Schwelle zur Unterwelt steht, hat den schützenden Wolf an ihrer Seite. Hekate, an deren Ort sich die Wege der Lebenden von denen scheiden, die gehen müssen, hütet zusammen mit ihrem Wolf den Übergang. Nach Überlieferungen der germanischen Mythologie reitet die Seele auf einer Wölfin. Der Wolf gehört auch zu den Wesen der Wilden Jagd,

in der die Seelen der Verstorbenen durch die Lüfte reisen. In Ägypten ist es der Totengott und Seelengeleiter Anubis, der die Sterbenden auf ihrem Weg in die andere Welt begleitet. Er nimmt an der Zeremonie der Mundöffnung teil, überwacht den Vorgang der Einbalsamierung und Mumifizierung, beschützt die Mumie und führt das Wiegen des Herzens beim Totengericht durch. Kultische Verehrung fand Anubis besonders in Lykopolis, der so genannten Wolfsstadt. Allen diesen Wolfsgestalten ist gemeinsam, dass sie nach dem alten Verständnis der Seele bei ihrem Übergang in die Anderswelt helfen und ihr bei ihrer Reise beistehen. Dabei können sie als Führer auf diesem Weg auftreten, aber auch als Hüter der Pforte und Helfer bei den Übergangsriten. Mit ihrer weißen Farbe versinnbildlichen insbesondere die Polarwölfe die Geisterwelt, die nicht sichtbare Wirklichkeit. Es ist die Welt, in welche die Schamanen reisen und in welche die Menschen eingehen, wenn sie sterben müssen.

Mit ihrer weißen Farbe versinnbildlichen insbesondere Polarwölfe die Geisterwelt.

Das Gespräch mit der Frau hatte mich zutiefst berührt. Es ist nicht das erste Mal, dass ich versuche, einem unheilbar kranken Menschen einen solchen Wunsch zu erfüllen. Es ist noch nicht lange her, dass mich ein Mann aus Holland anrief. Er erzählte mir von seiner besten Freundin, die an Krebs erkrankt ist. Ich begreife den Grund für seinen Anruf erst, als er berichtet, dass es ihr letzter Wunsch sei, die Nähe eines Wolfs zu erleben. Es fällt mir schwer, diesem Wunsch zuzustimmen. Denn genau in dieser Zeit ist die Maul- und Klauenseuche, die gefürchtete, hoch ansteckende Krankheit bei Huftieren, ausgebrochen, und gerade sind die ersten Fälle in Holland aufgetaucht. Die Seuche ist ein Albtraum für jeden Huftierbesitzer, da sie mit radikalen Mitteln bekämpft werden muss. Wenn ein Tier erkrankt, vernichtet man im großen Umkreis ganze Tierbestände, um eine weitere Verbreitung zu unterbinden. Allein aus diesem Grund zögere ich. Ich arbeite in einem Wildpark, und wenn sich auf diesem Weg unsere Tiere anstecken sollten, müsste ich mir lebenslang Vorwürfe machen. Ich schlage ihm vor, ein paar Wochen abzuwarten, bis man die Krankheit in Holland in den Griff bekommen hat. Doch er bleibt hartnäckig. Da seine Freundin nicht mehr lange zu leben habe und nicht mehr warten könne, müsste die Reise gleich unternommen werden, solange sie noch genügend Kraft dazu hat. Er drängt und bestürmt mich mit Bitten. Trotz meinen Vorbehalten vereinbaren wir schließlich für die folgende Woche ein Treffen.

Die ganze Woche muss ich an die Verabredung denken. Wie machen wir es nun? Die Frau ist schwer krank. Schafft sie es, beim Spaziergang mit uns und mit

den Wölfen Schritt zu halten? Und wie werden die Wölfe auf einen todkranken Menschen reagieren? Immer wieder gab es Hinweise darauf, dass die Wölfe mit Schwächlingen keine Gnade haben und sogar ihre eigenen Rudelmitglieder töten, wenn sie das Rudel durch ihre Schwäche behindern. Bei unseren Spaziergängen ist jeder, der mitläuft, kurzfristig von den Wölfen in das Rudel aufgenommen worden. Wie werden die Wölfe auf einen so schwachen Menschen reagieren?

Begegnung

Nachdem es die ganze Woche geregnet hat, scheint an dem Tag, an dem wir uns auf dem Parkplatz des Wildparks treffen, die Sonne. Die Frau steigt als Letzte aus dem Auto. Ihr Gesicht ist blass, aber ihre Augen funkeln voller Erwartung. Wir begrüßen uns kurz, und ohne weitere Zeit zu verlieren, gehen wir zu den Wölfen. Sie bemerken uns sofort, und schon von weitem sehen wir alle drei ungeduldig den Zaun entlang springen. Wir leinen sie an und laufen los. Oder besser gesagt, wir galoppieren los. Glücklich über den Spaziergang reißen die Wölfe an der Leine und bestimmen die ersten paar hundert Meter das Tempo. Langsam vergrößert sich der Abstand zwischen uns und der Frau mit ihrem Begleiter. Nachdem die Wölfe aber den ersten Energieüberschuss abgebaut haben, bleiben sie ab und zu stehen, um im Gras zu schnuppern. So finden auch die zwei wieder den Anschluss.

Schweigend gehen wir alle gemeinsam weiter. Ich weiß, dass die Frau todgeweiht ist, und bin unsicher, wie ich mich verhalten soll. Mitleid zu zeigen wäre unangebracht. Also versuche ich, mich ganz normal

Die tief berührende Begegnung mit Cheenook ließ für alle scheinbar die Zeit stillstehen.

zu verhalten, und um die Stille zu unterbrechen, erzähle ich irgendetwas über die Wölfe. Während sie mir zuhört, bemerke ich ihren flüchtigen Versuch, Cheenook, der direkt neben mir läuft, über den Kopf zu streicheln. Ich gebe ihr Cheenooks Leine, jetzt kann sie selbst den Wolf führen. Als wir uns einer Waldlichtung nähern, bleiben die beiden auf einmal stehen. Cheenook hebt seinen Kopf zu ihr, und sie beugt sich zu ihm hinab. Ich höre, wie sie ihm etwas ins Ohr flüstert. Auf einmal scheint sie alles um sich vergessen zu haben. Es existiert für sie keine Vergangenheit, keine Zukunft, für sie gibt es in diesen Minuten nur die Gegenwart. Der sensible Cheenook spürt es. Er beschnuppert vorsichtig ihr Gesicht und leckt sie zärtlich. Die Frau lächelt glücklich, umarmt den Wolf am Hals und drückt ihn fest an sich. Umarmen und fest Drücken mögen Wölfe normalerweise nicht. Sie fühlen sich dadurch eingeengt, bedrängt. Aber anstatt zu versuchen, der Umarmung zu entgehen, bleibt Cheenook stehen und kuschelt regelrecht mit ihr. Ich mache von den beiden ein paar Bilder. Diese Begegnung beeindruckt mich tief, auch für mich ist die Zeit stehen geblieben. Erst das Klingeln des Handys holt uns wieder in die Realität zurück. Der zehnjährige Sohn der Frau ruft an: »Mama, geht es dir gut?« Sie überhört die Frage und sagt nur: »Rate mal, wo ich gerade bin! Rate mal, wen ich gestreichelt habe! Rate mal, wer mich eben geküsst hat ...!« Obwohl man in ihrer Stimme die Begeisterung hört, spricht sie ganz leise, sie ist schon sehr müde.

Bald stehen wir wieder vor dem Wolfsgehege. Die zwei Stunden sind wie im Flug vergangen. Überwältigt von den Erlebnissen, möchte die Frau jetzt nur noch nach Hause. Ich verspreche, ihr die Fotos zu schicken, und die beiden machen sich auf den Weg zurück nach Holland.

Eine Woche später ruft der Freund meiner holländischen Besucherin erneut an, um sich nach den Aufnahmen zu erkundigen, und bittet mich, die Abzüge, die ich am selben Tag abgeholt hatte, so schnell wie möglich zu schicken. Er berichtet, sei-

Noch lange nach Verlassen des Geheges hört man den Abschiedsgesang der Wölfe.

ner Freundin gehe es ganz schlecht, sie habe sich auf eigene Verantwortung aus dem Krankenhaus nach Hause verlegen lassen, da sie wisse, dass es zu Ende gehe und sie die letzten Tage bei ihrer Familie sein möchte. Ich kann es kaum glauben, war sie doch gerade eben noch hier bei mir und den Wölfen. Sie hatte mir auch erzählt, dass sie noch drei ganze Monate zu leben habe. Ich scanne die Fotos sofort ein und schicke sie per Mail.

Nur wenige Tage danach erreicht mich wieder ein Anruf von dem Mann. Er teilt mir mit, dass seine Freundin in der vergangenen Nacht gestorben sei, und fügt bei: »Danke noch für die Bilder. Ich habe sie ausgedruckt und ihr noch rechtzeitig gebracht. Sie hat sich sehr darüber gefreut. Da sie zu der Zeit schon so schwach war, dass sie nicht einmal mehr die Fotos halten konnte, hat sie mich gebeten, sie über ihrem Bett an der Zimmerdecke zu befestigen. So konnte sie sie immer anschauen. Die Bilder von den weißen Wölfen haben sie in den Tod begeleitet.«

Obwohl ich die Frau nur einmal gesehen habe und nur flüchtig kannte, bin ich sehr traurig, als ich von ihrem Tod höre. Ich habe sie noch vor Augen, wie sie während der Umarmung mit Cheenook glücklich strahlt. Wie sie ihm ins Ohr flüstert und gleich danach ihrem kleinen Sohn das Erlebte berichtet. Gleichzeitig spüre ich neben meiner Trauer eine Zufriedenheit und Dankbarkeit in mir: Wir durften dieser Frau ihren letzten Wunsch, der ihr in der Zeit ihres Abschieds vom Leben so wichtig war, erfüllen.

In der europäischen Geschichte erscheinen Wölfe immer wieder als Begleiter beim Übergang in die andere Welt.

Krafttier

Die Geschichte dieser Begegnung ist für mich nicht nur auf persönlicher Ebene sehr bewegend gewesen. Sie zeugt darüber hinaus von der tiefen und gleichzeitig verborgenen Bedeutung, die der Wolf für den Menschen haben kann. Dieser sterbenskranken Frau wurde der Wolf zu einem Krafttier und Seelenbegleiter auf dem vor ihr liegenden Weg. Die Begegnung mit dem lebenssprühenden, ungebändigten und doch so zärtlichen Wolfswesen verbindet den Menschen wieder mit seiner eigenen Kraft, die er für das Sterben benötigt. Die Erfahrung ungezähmter Ursprünglichkeit führt ihn zurück zu seinem eigenen Ursprung. So wird der Wolf zum Seelenbegleiter auf dem letzten Weg des Menschen.

Spontan und vielleicht ganz unbewusst hatte die Frau sich in die alte Tradition eingebunden, indem sie im letzten Abschnitt ihres Lebens die Beziehung zu den weißen Wölfen gesucht und aufgenommen hat. Indem sie in den letzten Tagen ihres Lebens die Bilder der Wölfe, mit denen sie zusammen gewesen war, an der Zimmerdecke über ihrem Bett anbringen ließ, blieb sie immer in Kontakt mit ihrem Seelenbegleiter. Noch im Leben hat sie ihre Seele dem weißen Wolf anvertraut, der sie behütet und auf ihrem großen Übergang geführt hat.

Ähnliches mag sich die Frau aus Bremen, von der ich am Anfang dieses Kapitels berichtet habe, erhofft haben. Auch für sie war die Begegnung mit dem Wolf vor ihrem Tod plötzlich ungeheuer wichtig geworden. Auch sie verspürte intuitiv die Verbindung zwischen dem weißen Wolf und dem Übergang in die andere Welt. Ihr konnte ich ihren letzten Wunsch leider nicht mehr erfüllen. Obwohl wir schon einen Termin vereinbart hatten, musste sie den Besuch kurzfristig absagen, da sie körperlich nicht mehr in der Lage war, die Reise zu mir und den Wölfen auf sich zu nehmen.

Kampf um Cheenooks Überleben

Es ist Anfang April. Nach einem langen Winter und einem unfreundlichen Frühjahr wird es endlich wärmer. Nebel, Regen, Wind und Kälte, die bis jetzt an der Tagesordnung waren, scheinen vergessen, die Natur erwacht. Das neue frische Grün, der klare blaue Himmel und der Sonnenschein wirken nach den grauen Tagen wie Balsam auf die Seele. Trotzdem bleibt uns kaum Zeit, den Frühling zu genießen. Die Zuchtsaison bei unseren Greifvögeln ist in vollem Gange. Die Brutmaschinen füllen sich mit den Eiern, und die ersten geschlüpften und ewig hungrigen Vogelbabys verlangen fast rund um die Uhr unseren Einsatz. Wie jedes Frühjahr bleibt für die Wölfe weniger Zeit als sonst. Meistens fahre ich in der Mittagspause zusammen mit meinem Mann zum Wolfsgehege. Dann haben wir etwa eine Stunde Zeit, um nach dem Rechten zu sehen, um die Tiere zu füttern, das Gehege sauber zu machen und Streicheleinheiten zu verteilen.

Abschied

Die Wölfe hören und erkennen unser Fahrzeug schon von weitem, und wenn wir ankommen, stehen sie alle schon ungeduldig an der Pforte, um uns stürmisch zu begrüßen. Auch heute ist ein Tag wie jeder andere, doch fällt uns sofort auf, dass die wölfische Begrüßungsdelegation nicht komplett ist. Cheenook fehlt. Das ist sehr ungewöhnlich. Mit den Augen überfliege ich das Gehege und entdecke ihn, regungslos hinter einem Baumstamm liegend. Was ist passiert? Ich springe aus dem Fahrzeug, mein Mann hinterher. Dass Cheenook nicht einmal auf die lauten Klappgeräusche der Autotüren reagiert, beunruhigt mich noch mehr. Erst als ich das Gehege aufschließe, hebt er seinen Kopf und steht schwerfällig auf.

Seine Bewegungen sind schon lange nicht mehr so geschmeidig, wie man es von den jüngeren Wölfen kennt. Seitdem er vor ein paar Jahren altersbedingt an Osteoporose erkrankte, springt er nicht mehr gern hoch oder über Hindernisse, und auch beim gemeinsamen Spaziergang braucht er eine gewisse Zeit, um sich »aufzuwärmen« und seine Gelenke wieder in Gang zu bringen. Trotz allem kann er immer noch mit dem restlichen Rudel Schritt halten.

Cheenook schüttelt die Sandkörnchen aus seinem Fell und läuft auf uns zu. Mir fällt ein Stein vom Herzen. Ich beuge mich zu ihm hinab und umarme ihn: »Hallo, mein Junge! Was ist mit dir los? Weißt du, dass du mir einen großen

Der Abschied naht.

Schreck eingejagt hast?« Cheenook schmiegt sich ganz dicht an mich. Er war schon immer verschmust, aber heute spüre ich, dass er irgendwie anders ist. Ich setze mich auf einen Baumstumpf, der alte Wolfsrüde folgt mir und drückt sanft und gleichzeitig ganz fest seinen Kopf in meinen Schoß.

In der Regel werde ich, sobald ich mich hinsetze, sofort von allen Wölfen auf einmal belagert. Sie springen dann an mir hoch und belecken zur Begrüßung mein Gesicht. Jeder will der Erste sein. Nicht jedoch heute. Sogar der ungestüme und sonst auch etwas eifersüchtige Nanuk steht jetzt neben Flocke und beobachtet still, wie ich Cheenook zwischen den Ohren kraule und über seinen Kopf streichle. Nach einer Weile dreht sich Cheenook um und läuft zu meinem Mann. Wie vorher bei mir drückt er seine Stirn fest gegen seine Beine. Lothar sieht mich an und sagt ganz ernst: »Ich glaube, Cheenook möchte von uns Abschied nehmen.« Ich merke zwar auch, dass sich heute nicht nur Cheenook, sondern auch das restliche Rudel sehr ungewöhnlich verhält und alle sehr bedrückt und ernst wirken, trotzdem kann ich dafür keine unmittelbare Erklärung finden.

Eine Weile verbringen wir noch bei den Wölfen, dann fahren wir los. Gleich geht die zweite Greifvogelvorführung los, die Zuschauer warten schon. Vorher rufen wir den Tierarzt an und verabreden uns mit ihm nach der Vorstellung. Eine Stunde später treffen wir uns alle am Wolfsgehege. Wieder begrüßen uns nur Nanuk und Flocke, Cheenook ist nicht zu sehen. In dem Gehege steht eine kleine

Holzhütte. Die Wölfe benutzen sie eher selten und nur dann, wenn es tagelang regnet. Hier entdecken wir Cheenook. Er liegt auf der Seite, seine Augen sind geschlossen. Ich krieche zu ihm und hebe mit beiden Händen sein Kopf hoch. Er wirkt apathisch, leblos, nicht einmal jetzt macht er seine Augen auf. Ich flüstere: »Mach doch kein Blödsinn, mein Junge, gib dich doch nicht auf!«

Flocke und Nanuk drängen sich winselnd durch den engen Eingang der Hütte. Cheenook bemerkt es trotz den geschlossenen Augen sofort und knurrt sie an. Er möchte von ihnen in Ruhe gelassen werden. Trotzdem windet sich Flocke wie ein Aal an mir vorbei, beugt sich über den liegenden Cheenook und stupst ihn jaulend mit ihrer Nase an. Anfangs zeigt Cheenook keine Reaktion. Die Wölfin gibt aber nicht auf und knabbert vorsichtig mit den Vorderzähnen im Fell an seinem Hals. Damit fordert sie ihn zum Aufstehen auf. Ihre gut gemeinte Sorge ist für ihn aber eher eine Last. Soweit er noch kann, weicht er knurrend mit seinem Kopf ihren auffordernden Gesten aus. Man kann oft lesen, dass ein schwacher oder kranker Wolf von den eigenen Rudelmitgliedern verstoßen oder sogar getötet wird. Hier lässt sich das genaue Gegenteil beobachten. Erst jetzt bemerke ich, dass Cheenook im ganzen Halsbereich feucht ist. Flocke und Nanuk haben wahrscheinlich schon die ganze Zeit erfolglos versucht, ihn gegen seinen Willen auf die Beine zu bringen.

Wir locken Flocke aus der Hütte und versperren den Eingang mit einem stabilen Stahlgitter. Nur so können die beiden inzwischen eingetroffenen Tierärzte Cheenook ungestört untersuchen. Auf den ersten Blick sieht der Wolf gar nicht krank aus. Sein Fell glänzt, seine Augen sind klar, und er scheint auch keine Schmerzen zu haben. Die Tierärzte stellen aber fest, dass Cheenooks Herz unregelmäßig arbeitet; auch seine relativ niedrige Körpertemperatur beunruhigt sie. Sie nehmen Blutproben für weitere Untersuchungen ab und geben dem Rüden Medikamente und Aufbaupräparate.

Krankheit, Alter, Tod

Die folgenden Tage sind wie ein Albtraum, ein ewiger Wechsel zwischen Hoffnung und Machtlosigkeit, Verzweiflung und Enttäuschung. Zuerst wollte ich Cheenook im Gehege lassen, da ich fürchtete, dass die Trennung von seinem Rudel für den geschwächten Wolf nur eine weitere Belastung bedeuten würde. Doch als seine Körpertemperatur von Stunde zu Stunde bedrohlich absinkt, muss ich schnell reagieren. Da die Nächte in dieser Jahreszeit noch sehr kalt sind, beschließe ich, den entkräfteten Cheenook mit nach Hause zu nehmen, um ihn mit genügend Wärme versorgen zu können. Ich rücke die Wohnzimmermöbel zur Seite und lege ihn auf eine Decke direkt an den Heizkörper. Die Nacht verbringe ich bei ihm. Ich höre, wie er hechelt. Mit einer Hand halte ich ihm eine Schale mit Wasser vor die Schnauze, mit der anderen stütze ich seinen Kopf, so dass er trinken kann. Kaum aber hat Cheenook seinen Durst gestillt, spuckt er sogleich alles wieder aus, und kaum hat er seinen Magen entleert, verlangt er wieder gierig nach Wasser. Er versucht aufzustehen und kippt dabei die Wasserschüssel um. Auch sein Durchfall trägt nicht zu einer Verbesserung der Situation bei. An Schlaf ist für mich nicht zu denken. Die Hauptsache ist aber, dass es mir nach und nach gelingt, durch die Wärme im Haus seine Körpertemperatur zu stabilisieren.

Am nächsten Morgen bereite ich für Cheenook eine Box in der Quarantänestation des Wildparks vor. Mit der Wand entlang gestapelten Strohballen verkleinere ich den Raum, um ihn direkt unter der Wärmelampe zu halten. Die Tierärzte sind Dauergäste im Haus, sein Zustand bessert sich trotzdem nicht. Im Gegenteil, er wird immer schwächer. Er verweigert jegliche Nahrung, und selbst die täglichen Spritzen mit Aufbaupräparaten und Elektrolyten genügen nicht mehr, ihn aufrechtzuhalten. Man merkt, er kämpft nicht, er gibt sich auf. Ich will nichts un-

Gedrückte Stimmung im Rudel. Der fehlende Wolf hinterlässt eine spürbare Lücke.

versucht lassen und faxe alle Laborergebnisse an mehrere Tierärzte, in der Hoffnung, dass einer von ihnen eine neue, möglicherweise hilfreiche Diagnose stellen kann, dass vielleicht doch noch ein Wunder passiert. Doch von allen kommt die gleiche Antwort: Die Werte sind dem Alter des Tieres entsprechend. Kein Befund.

Der Kampf um Cheenooks Überleben dauert nun schon fast eine Woche. An diesem Nachmittag geht es ihm besonders schlecht. Er atmet sehr schwer und war seit mehreren Stunden nicht einmal mehr in der Lage, etwas zu trinken. Mit einem nassen Lappen befeuchte ich seine trockene Nase und das Maul. Voller Verzweiflung rufe ich den Tierarzt an, aber auch er weiß nicht mehr weiter. »Das Einzige, was jetzt noch sinnvoll wäre«, sagt er »ist, Cheenook eine Infusion direkt in die Blutbahn zu geben, um seine Austrocknung zu verhindern. Leider habe ich heute selbst nicht genügend Zeit dafür, da ich noch einen wichtigen Termin habe.« Ich erkläre mich sofort bereit, die Behandlung allein durchzuführen, falls das möglich ist. Der Tierarzt stimmt zu.

Mit einer Schnur befestigt er an der Wand der Box zwei Infusionsflaschen mit der lebensrettenden Flüssigkeit, rasiert Cheenook am Vorderbein und führt eine Kanüle in seine Adern. Dann drückt er mir einen Stöpsel in die Hand und gibt mir weitere Anweisungen: »Du musst aufpassen, dass sich Cheenook ab jetzt nicht mehr bewegt, sonst könnte die Nadel herausrutschen. Die Flüssigkeit darf nur im

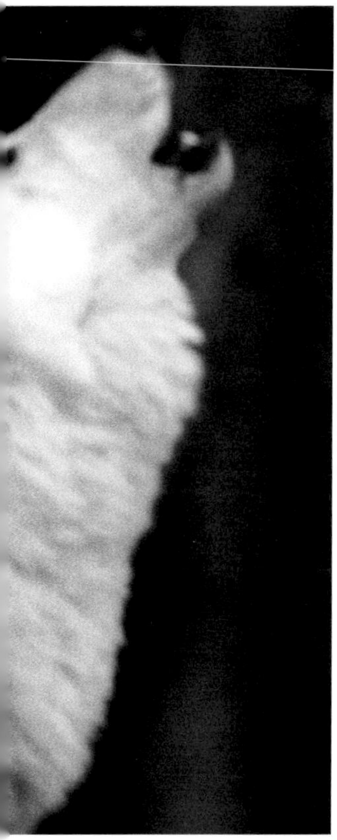

Sekundentempo in die Blutbahn tropfen, hier kannst du es einstellen«, sagt er und zeigt mir die Vorrichtung zum Regulieren am Plastikschlauch. »Wenn das Serum durchgelaufen ist, ziehst du die Schläuche vorsichtig heraus und verschließt die Kanüle mit diesem Stöpsel. Er muss unbedingt richtig sitzen. Wenn es eine undichte Stelle gibt, könnte das Tier in ein paar Stunden verbluten.« Ich höre aufmerksam zu und hoffe, alle seine Anweisungen richtig zu befolgen. Ich lege mich zu Cheenook, um seine Pfote auch wirklich ruhig zu halten und suche mir eine Position, in der ich ein paar Stunden ausharren kann. Der Tierarzt geht, er hat es eilig. Ich höre noch, wie er die Autotür zuschlägt, der Wagen startet und wegfährt, die Motorgeräusche verstummen nach und nach.

Wir bleiben allein. Alles ist still. Cheenook liegt ganz ruhig, ohne sich gegen irgendetwas zu wehren. Ich habe meinen Kopf an seine Schulter gelegt und verfolge mit den Augen jedes Tröpfchen der Infusion. Plop, plop, plop, ich ertappe mich beim Mitzählen: siebenundneunzig, achtundneunzig, neunundneunzig ... Elektrolyte mit Medikamenten tröpfeln in seine Adern, vorschriftsmäßig im Sekundentakt.

Ich spüre, wie sich Cheenooks Muskeln anspannen und sein Atem stockt, das macht mir Angst. Wie spät ist es überhaupt? Ich versuche in dem gedämpften Licht auf meiner Uhr die Zeit abzulesen. Halb elf. Seit über zwei Stunden tropfen die Medikamente in Cheenooks geschwächten Körper. Trotz dem Heizstrahler über uns wird es recht kühl. Ich schmiege mich ganz dicht an meinen Wolf und ziehe eine mitgebrachte Decke über uns. Wir wärmen uns gegenseitig. Die Zeit scheint still zu stehen. Plop, plop, plop tröpfelt es leise.

Immer wieder spüre ich, wie sich Cheenooks Muskeln verkrampfen, wie er die Beine vor sich streckt und seinen Rücken krümmt. Es ist kurz nach Mitternacht. Bald haben wir es geschafft. Eine Flasche mit Medikamenten ist leer, in der zweiten ist auch nicht mehr viel übrig. Trotzdem geht es Cheenook schlechter. Mit weit aufgerissenem Maul beginnt er zu hecheln, sein Herz rast. Ich lasse sein Bein los. Jetzt schnell den Plastikschlauch entfernen und die offene Kanüle mit dem Stöpsel verschließen. Kaum ist der Schlauch weg, zuckt Cheenook heftig und versucht verzweifelt aufzustehen. Ich drücke ihn mit meiner Schulter zu Boden. Jetzt muss ich so schnell wie möglich die Kanüle sichern, aber es gelingt mir nicht. Cheenook hält nicht still, seine Reaktionen werden immer heftiger. Ich kann ihn nicht mehr festhalten. Seine Augen sind weit aufgerissen, sein Blick ist leer. Auf

Lange Zeit sprach man den Tieren Gefühle ab. Die Trauer der Wölfe um Cheenook ist jedoch deutlich sichtbar.

mein Rufen reagiert er nicht, er scheint mich gar nicht wahrzunehmen. Das Blut spritzt durch die Öffnung der Kanüle und färbt sein weißes Fell rot. Ich schaffe es noch sie herauszuziehen, dann springe ich aus der Box, um einen Verband aus meinem Auto zu holen.

Wenige Sekunden später bin ich zurück und kann nur machtlos zusehen, wie der Anfall seinen Höhepunkt erreicht. Cheenook zuckt und zittert am ganzem Körper, aus seinem verkrampft aufgerissenen Maul läuft Schaum. Verklebt vom eigenen Speichel, Blut, Urin und Kot torkelt er völlig orientierungslos von Wand zu Wand und schnappt nach allem, was ihm im Weg steht. Er hat die Kontrolle über sich vollständig verloren. Er beißt so stark zu, dass sein Zahnfleisch an mehreren Stellen aufplatzt und blutet. Plötzlich bleibt er wackelig auf der Stelle stehen und bricht vollkommen erschöpft zusammen. Das Ganze hat nur wenige Minuten gedauert, mir kam es wie eine Ewigkeit vor.

Mit ruhiger Stimme rede ich Cheenook zu, er öffnet seine Augen und blickt zu mir. Ich merke, dass seine Wahrnehmung langsam zurückkehrt. Ich verbinde sein Bein und säubere mit Stroh sein Fell. Dann ziehe ich seinen entkräfteten Körper ein Stück vor, so dass er genau unter der Wärmelampe liegt. Cheenook hebt dabei mühsam seinen Kopf und leckt flüchtig über meine Hand. Dann legt er sich wieder zurück, er ist todmüde. Ich streichle ihn und denke an das Elend, das er nun durchgemacht hat. Es kommen mir Zweifel, ob wir ein Recht haben, diesen Wolf um jeden Preis am Leben zu erhalten. Ohne die Medikamente hätte sein Herz wahrscheinlich schon lange zu schlagen aufgehört.

Gleich am nächsten Morgen telefoniere ich mit dem Tierarzt, um ihm alles zu berichten. »Es war ein epileptischer Anfall«, meint er. »Epilepsie ist eine Krankheit des zentralen Nervensystems. Cheenooks krankes Herz und die geschwächte Lunge schaffen es nicht mehr, sein Gehirn mit genügend Sauerstoff zu versorgen.« Dann bestellt er mich mittags mit Cheenook noch einmal zum Röntgen. Die Tierarztpraxis liegt ganz in der Nähe, keine zehn Autominuten entfernt. Trotzdem bekommt Cheenook unterwegs einen zweiten Anfall, und als wir das Wartezimmer erreichen, ist er bewusstlos. Es folgen Untersuchungen und Röntgenaufnahmen, und schließlich steht der Tierarzt mit den Ergebnissen in der Hand vor uns. Sein Gesichtsausdruck ist ernst, und schon bevor er etwas sagt, ist mir klar, diese Schlacht haben wir verloren. Weitere Maßnahmen einzuleiten wäre sinnlos. Der Tierarzt zieht eine Spritze auf und erlöst den bewusstlosen Cheenook.

Ich fahre nach Hause und habe das Gefühl, dass mein Wolf überall gegenwärtig ist. Meine Kleidung riecht nach ihm, überall kleben seine Haare. Ich ziehe mich um und werfe alles, was ich bei seiner Behandlung anhatte, in die Waschmaschine.

Trotz meiner Trauer spüre ich eine Erleichterung: Jetzt hat Cheenook keine Schmerzen mehr!

Auch an diesem Nachmittag muss alles wie gewohnt weitergehen, als wäre nichts passiert, erst die Flugvorführung, danach die Vögel versorgen, Brutmaschinen kontrollieren und das Futter für die Vogelbabys richten. Abends fahre ich wie immer in den Park, um die Jungvögel zu füttern. Als endlich alle hungrigen Schnäbel satt sind, fällt mir auf, dass ich in der letzten Woche meine anderen Wölfe völlig vernachlässigt habe. In der Zeit, die ich mit Cheenook verbrachte, hat sich Lothar um Flocke und Nanuk gekümmert.

Wolfstrauer

Es ist noch hell, und ich entscheide mich spontan, zum Wolfsgehege zu fahren.

»Ein spärliches Rudel!« denke ich, als ich von weitem die beiden übrig gebliebenen Wölfe sehe. Es wird seine Zeit brauchen, bis man sich an diesen Anblick gewöhnt hat. Ich steige aus dem Auto und laufe schweigend zum Gehege. Flocke und Nanuk können es kaum erwarten, mich zu begrüßen, und winseln laut vor Freude. Vor Aufregung springen sie an der Tür hoch, und als ich sie aufschließen will, lecken beide durch die Gitterstäbe meine Hand zu Begrüßung. Da erstarren sie plötzlich in ihrem aufgeregten Treiben, sie kleben regelrecht am Gitter und drücken ihre Nasen hindurch, um meine Hände

Die Endgültigkeit des Todes begreifen Flocke und Nanuk nicht.

noch genauer beschnuppern zu können. Instinktiv zucke ich zurück. Zu spät, sie haben es bemerkt. Von den mikrofeinen Duftspuren, die seit dem Mittag noch an meiner Haut kleben, konnten sie blitzschnell die traurige Botschaft ablesen und einordnen. Cheenook ist tot.

Mit aufgerichteten Ohren schauen mir beide durch die Gittertür in die Augen, als suchten sie nach einer Erklärung. Dann wenden sie sich langsam ab und laufen Seite an Seite bis in die Mitte des Geheges zu dem liegenden alten Eichenstamm. Mit wölfischer Leichtigkeit springen sie auf den Stamm und fangen beide – Schnauze an Schnauze – zu heulen an. Nein, es ist kein Heulen, es klingt vielmehr wie ein Abschiedslied, und nur wir drei wissen, für wen es bestimmt ist. Sie heulen lange, fast scheint es, als hörten sie gar nicht mehr auf. Ich stehe immer noch am gleichen Platz, das gefühlvolle Wolfslied hält mich gefangen, die Tränen kann ich jetzt nicht mehr zurückhalten ... Es ist überwältigend, wie die beiden Wölfe ihre Trauer zum Ausdruck bringen.

Das Wolfsgeheul kann je nach der Situation sehr unterschiedlich klingen. Je nach Tonlage, Lautstärke und Rhythmus der Stimmen teilt das Rudel damit Freude, Aufregung, Verwirrung, Unsicherheit, Angst oder andere Emotionen mit. So können die Tiere in verschiedenen Situationen völlig unterschiedliche Melodien ertönen lassen.

Die Endgültigkeit des Todes begreifen Flocke und Nanuk trotzdem nicht. Noch wochenlang und bei jeder Gelegenheit beobachten und verfolgen sie das rote Auto, das Cheenook abtransportierte, als hätten sie immer noch die Hoff-

nung, dass es ihren Gefährten zurückbringt. Dabei lassen sie sich nicht einmal mit Futter oder Streicheleinheiten ablenken. Ähnliches Verhalten einem toten Rudelmitglied gegenüber konnte man sogar bei einem frei lebenden Wolfsrudel beobachten. Als in den Wintermonaten eine Wölfin an Unterernährung starb, kehrten die restlichen Wölfe mehrere Tage lang immer wieder zu ihr zurück und versuchten die Tote mit Nasenschubsen zum Aufstehen zu bewegen. In einem Wolfsrudel entstehen feste Bindungen; der Tod eines Mitglieds bringt zwangsläufig Emotionen und viele Veränderungen in der komplizierte Rudelstruktur mit sich.

Dem Menschen gleich: Schutz und Respekt

In der Vergangenheit hat man immer wieder versucht, den Tieren den menschlichen vergleichbare Gefühle abzusprechen. Der Kirchenlehrer Thomas von Aquin (1225–1274) sprach sowohl Frauen wie Tieren eine Seele ab. Und noch ein paar hundert Jahre später erklärte der Philosoph und Jesuitenschüler Descartes (1596–1650) die Tiere zur bloßen Sache und bezeichnete sie als seelenlose Maschinen ohne Verstand und Vernunft. Jegliches Recht wurde ihnen abgesprochen, und die Menschen durften ihnen jederzeit Leiden, Schmerzen und Schlimmeres zufügen.

Menschen und Tiere leben in einer paradoxen Beziehung. Tiere werden vom Menschen nicht nur als verwandte Lebewesen, Kulturträger und Hausgenossen mit eigenen Rechten behandelt, sondern zugleich auch als Zuchtobjekte, Versuchstiere und Fleischlieferanten benutzt.

In den letzten Jahrzehnten hat unsere Gesellschaft ihre Denkweise geändert. Der Schutz der Tiere ist in das Grundgesetz aufgenommen worden. Es wurde unmissverständlich festgelegt, dass alle Tiere unsere Mitgeschöpfe sind, deren Leben und Wohlbefinden geschützt werden muss. Menschen dürfen zwar weiterhin Tiere für ihre Bedürfnisse nutzen, dies darf aber nur in verantwortungsvoller Weise und in Übereinstimmung mit den geltenden rechtlichen Bestimmungen des Tierschutzes geschehen. Niemand darf einem Tier ohne Grund Schmerzen, Leiden oder Schaden zufügen; Tiere müssen artgemäß ernährt, angemessen gepflegt und verhaltensgerecht untergebracht werden.

Zwar haben die Tiere keine dem Menschen vergleichbare eigene rechtliche Position, doch das Tierschutzgesetz und etliche damit zusammenhängende Verordnungen bieten ihnen immerhin – zumindest in der Theorie – einen gewissen Schutz.

Tierfreundschaften und Wolfsvögel

In unserem Wildpark gibt es zwei verschiede Wolfsunterarten, die weißen Polarwölfe, die in der Arktis und im hohen Norden Kanadas leben, und die schwarzen Timberwölfe aus den Wäldern Nordamerikas. Der Grauwolf, der auch in Europa vorkommt, fehlt uns noch. Deswegen haben wir uns nach reiflicher Überlegung entschlossen, auch diese Art bei uns im Park zu beheimaten.

Da Grauwölfe von Natur aus extrem menschenscheu sind, haben wir entschieden, uns Welpen im Alter von etwa einer Woche zu holen und sie mit der Hand aufzuziehen. Handaufgezogene Wölfe gewöhnen sich viel schneller an ein neues Gehege und an die daran vorbeilaufenden Menschen. Ihre Fluchtdistanz ist gering, so dass man solche Tiere beobachten und fotografieren kann, ohne sie zu stören.

Zwei Wolfswelpen und ein Rehkitz

Wir bestellten zwei Welpen in einem bayerischen Tierpark. Nachdem wir wissen, dass sie etwa Mitte Mai geboren werden sollen, steht schon Wochen vorher zuhause alles Notwendige für die Aufzucht bereit: spezielle Aufzuchtmilch, Fläschchen mit verschiedenen Saugern, eine Waage für die regelmäßige Gewichtskontrolle, Decken und eine Plastikkiste mit etwas höheren Wänden für die ersten Tage sowie ein Stapel weicher Papiertücher für die lebenswichtige Bauchmassage. Die Mutterwölfin leckt nämlich den Bauch der Kleinen und regt damit Stoffwechsel und Verdauung an; da ich mir das natürlich ersparen möchte, benutze ich statt meiner Zunge lieber Papiertücher. Die Ankunft meiner neuen Schützlinge kann ich kaum noch erwarten.

An einem Freitagabend bekomme ich einen Anruf von einer Frau aus dem Nachbardorf: »Frau Askani, meine Kinder haben heute Nachmittag im Wald ein Rehkitz gefunden, gestreichelt und schließlich mit nach Hause gebracht. Sie dachten, die Mutter hat es verlassen. Jetzt liegt das Kleine hier, und ich weiß nicht, was ich mit ihm machen soll!« Solche Anrufe bekomme ich im Frühjahr öfter. Tagsüber werden die niedlichen jungen Feldhasen, Eichhörnchen, Marder oder Füchse meistens aus Unwissenheit aufgesammelt, und abends stellt man sich dann die Frage: »Wohin damit?« Da demnächst die kleinen Wölfe kommen sollten, die mich in den ersten Wochen rund um die Uhr brauchen und für anderes kaum

Tanja Askanis gemischte »Kinderstube«.

noch Zeit lassen, hatte ich mir fest vorgenommen, in diesem Jahr keine Flaschenkinder mehr aufzunehmen. Als mir die Frau aber erzählt, dass der kleine Findling noch nichts gefressen und nichts getrunken hat, wird mir klar, dass er schnelle Hilfe braucht. Schon am nächsten Tag könnte es für ihn zu spät sein. Da ich alles Notwendige bereits im Haus habe, könnte ich das Kleine versorgen und es am folgenden Tag dann an einen Tierpfleger weitergeben.

Keine halbe Stunde später habe ich das kleine Kitz in einem großen Pappkarton im Haus. Es dürfte nur wenige Stunden alt sein. Seine Nabelschnur ist noch nicht mal richtig eingetrocknet, die Reste fühlen sich noch fleischig an. Bis spät nachts versuche ich ihm ein Fläschchen zu geben, aber es klappt nicht. Das Kitzchen wehrt sich und spuckt den Sauger immer wieder aus. Ich lasse ihm kurz Zeit, damit es sich beruhigt, und versuche es dann erneut. Meistens brauchen die Jungtiere zwei bis drei Tage, um sich an den Gummisauger zu gewöhnen und sich die richtige »Saugtechnik« anzueignen. Eher aus Versehen schluckt das Kitz bei jedem Fütterungsversuch ein paar Milchtropfen, so dass bis zum Schluss doch etwa die Hälfte der lebensrettenden Flüssigkeit in seinem Magen landet. Für diesen Tag haben wir es geschafft. Dabei ahne ich aber noch nicht, dass in der gleichen Nacht um diese Zeit weit von uns entfernt, in einem tiefen frisch gegrabenen Bau das erste Mal vier neugeborene Wolfswelpen die Milchquelle ihrer Mutter zu erreichen versuchen.

Links: Erst wenn sie sich sicher fühlen, treten Rehkitz Linda und ihre Wolfsbrüder gemeinsam aus dem Schutz der Fichten.

Rechts: Linda kann sich beim Füttern am besten durchsetzen.

Das kleine Kitz taufe ich auf den Namen Linda. Innerhalb von zwei Tagen lebt sie sich bei uns ganz gut ein. Wenn sie hungrig ist, ruft sie mit hohem piepsigem Ton so lange, bis ich mit dem Fläschchen auftauche. Nach der Fütterung folgt sie mir dann durch das ganze Haus und assistiert mir bei meinen Hausarbeiten. Wenn ich weg muss, bleibt sie in ihrem Pappkarton regungslos liegen und wartet dort, bis ich wieder zurückkomme. Dieses Verhalten ist Rehkitzen angeboren. Genauso werden sie in der freien Natur von ihrer Mutter abgelegt. Diese kommt nur ein paar Mal am Tag, um das Junge trinken zu lassen, und verschwindet dann wieder, um Raubtiere nicht auf ihren Nachwuchs aufmerksam zu machen. Die Kleinen haben in den ersten Lebenswochen kaum einen eigenen Geruch und sind, wenn sie in ihrem Versteck liegen bleiben, daher bestens vor Räubern geschützt.

Linda erweist sich als ein problemloses Flaschenkind, und so ist langsam die Zeit gekommen, sie an die Tierpfleger im Park zu übergeben. Ein Problem gibt es allerdings doch noch: Sie nimmt das Fläschchen nur von mir. Bei jedem anderen verweigert sie die Nahrung, sogar bei meinem Mann. Außer mir duldet sie niemanden in ihre Nähe.

Als wir endlich unsere Wolfswelpen abholen können, bleibt mir nichts anderes übrig, als Linda samt Pappkarton in den Kofferraum des Autos zu stecken und sie auf die fast tausendfünfhundert Kilometer lange Reise mitzunehmen. Unterwegs halten wir ab und zu auf einer Raststätte an, um zu tanken und um Linda zu

versorgen. Sie nimmt es gelassen, trinkt ihre Milchration und verschwindet wieder im Karton. Linda ist vermutlich das einzige niedersächsische Rehkitz, das schon einmal mit dem Auto nach Bayern gereist ist.

Kurz nach Mitternacht erreichen wir unser Ziel. Wie abgesprochen klingeln wir den Hausmeister des Tierparks aus dem Bett. Er taucht auch gleich mit einer Transportkiste auf, in der zwei meerschweinchengroße Welpen wimmern. Sie sind etwa zehn Tage alt. Wir taufen sie auf die Namen Daylight und Shadow.

Keine halbe Stunde später sind wir schon wieder mit allen drei Jungtieren in Richtung Heimat unterwegs. Noch im Auto mache ich mir Gedanken: Wie wird es mit dem Kitz und den Wölfen weitergehen? Spätestens in drei Wochen werden die Welpen ihre Umgebung erkunden und mit dem Raufen und Toben anfangen. Das Spiel hat für alle Jungtiere eine wichtige Funktion; dadurch bereiten sich die Kleinen auf ihr weiteres Leben vor, spielerisch werden Geschicklichkeit und Ausdauer gefördert, es werden die eigenen Grenzen ausgelotet, auch bei Linda kann man das beobachten. Ihre Trainingsstunden hat sie meistens spät nachmittags; dann dreht sie ihre Runden im Garten so intensiv, dass sie kaum noch nach Luft schnappen kann. So bereitet sie ihre Muskeln, Lunge und Kreislauf auf eine im Ernstfall lebensrettende Flucht vor. Von Tag zu Tag wird sie schneller, geschickter, und ihre Unermüdlichkeit steigert sich sichtlich. Lange schon hat sie ihren Pappkarton verlassen und bewegt sich frei im Haus und im Garten. Sie läuft mir den ganzen Tag hinterher, und so kann ich es auch nicht vermeiden, dass sie immer wieder den Wolfswelpen begegnet. Erst wenn ich zur Arbeit fahre, versteckt sie sich sofort nach »Kitzart« im Schilf am Rand des Gartenteichs. Dort bleibt sie liegen, bis ich wieder zu Hause auftauche. Nachts kommt sie ins Haus und teilt sich das Hundekörbchen im Flur vor dem Schlafzimmer mit unserem Dackel Drossel.

Inzwischen sind die Wolfswelpen vier Wochen alt. Die Plastikkiste, in der sie die ersten Tage nach ihrer Ankunft verbracht haben, habe ich schon lange gegen einen immer größeren Pappkarton ausgetauscht. Der letzte passte nur noch in

zusammengeklappter Form durch die Tür und füllt nun fast das ganze Wohnzimmer. Doch nur so habe ich die Welpen einigermaßen unter »Kontrolle«, wenn ich nicht im Haus bin, und sie haben trotzdem noch genügend Platz zum Toben. Sie werden immer mobiler, und ich nehme sie so oft wie möglich mit in den Garten, wo sie ihren Spieltrieb ausleben können.

Bisher hatte ich Welpen immer nur einzeln aufgezogen. Es ist das erste Mal, dass ich sie im »Doppelpack« zuhause habe, und ich habe mir schon Sorgen gemacht, wie unser Grundstück aussehen wird, wenn diesmal zwei Racker ihre zerstörerischen Kräfte einsetzen. Von Flocke und Nanuk war ich im Punkt »Gartenarbeit« schon so einiges gewohnt. Zu meiner Überraschung ist diesmal alles ganz anders. Die Welpen beschäftigen sich so intensiv miteinander, dass sie kaum auf die Idee kommen, anderen Blödsinn zu machen. Diesmal müssen wir keine Stromdrähte an Fenstern und keine Holzplatte an der Tür anbringen, um unser Haus zu schützen. Sogar der Garten bleibt fast unbeschadet. Die Welpen geben sich mit ein paar gegrabenen Löchern zufrieden. Sicherheitshalber schützen wir dennoch ein paar Ecken, die uns wichtig sind, wie zum Beispiel unseren Gartenteich und das Blumenbeet, mit einem Drahtzaun.

Jetzt sind die Welpen fast sechs Wochen alt, und ihre Spiele werden immer ruppiger. Sie raufen und schütteln sich im Nacken und wälzen sich auf dem Boden. Ihr dünn behaarter Bauch ist voller Narben von Wunden, die sie sich gegenseitig mit ihren scharfen Milchzähnchen zugefügt haben. Bei Linda habe ich auch zwei kleinere Wunden am Hals gefunden. Sie findet es wohl gar nicht lustig, wenn ihr ein Welpe am Bein oder am Hals hängt, solche Spiele kann sie überhaupt nicht verstehen. Sie ist ihnen aber an Schnelligkeit überlegen, und wenn es ihr zu bunt wird, rettet sie sich mit

Oben: In den Spielpausen wird geschlafen. Für Welpen ist der Körperkontakt wichtig.

Linke Seite: Im Alter von sechs Wochen werden die Spiele der Kleinen immer ruppiger.

ein paar Sprüngen vor dem Wolfsübermut. Unser Garten ist groß genug, dass sie den Jungwölfen aus dem Weg gehen könnte. Aber anstatt ihnen auszuweichen, sucht Linda immer wieder den Kontakt zu den tollpatschigen Welpen. Täglich kann ich beobachten, wie sich die Kleinen gegenseitig beschnuppern oder sich über die Schnauze lecken. Wenn sie erschrecken, fliehen sie alle drei zusammen und suchen gemeinsam Schutz in den dichten Fichten am Rand des Gartens. Erst wenn die vermeintliche Gefahr vorbei ist, kommen sie langsam zu dritt wieder heraus und schauen sich vorsichtig nach allen Seiten um. Trotzdem bezweifle ich, dass diese Freundschaft noch lange gut gehen kann. Die Welpen entwickeln sich rasend schnell, von Tag zu Tag sind sie geschickter, schneller und erfinderischer. Außerdem fressen sie täglich eine Menge Fleisch, und gerade Rehfleisch steht ganz oben auf ihrer Speisekarte. Wenn ich sie dabei beobachte, wie sie sich gierig über die Fleischbrocken hermachen, befürchte ich, dass sie mich demnächst ohne Linda, dafür aber mit kugelrunden Bäuchen an der Pforte begrüßen werden.

Aus diesem Grund teilen wir unseren Garten mit einem Zaun in zwei Hälften. Eine ist für die Welpen vorgesehen, und die wolfsfreie Zone gehört Linda. Sie sollen zu mindestens in der Zeit getrennt bleiben, in der keiner zu Hause ist. Bevor ich am nächsten Tag zur Arbeit fahre, »sortiere« ich die Jungtiere: die fleischfressenden Welpen in die linke Hälfte und das pflanzenfressende Kitz in die rechte Hälfte des Gartens. Als ich zwei Stunden später wieder nach Hause komme, finde

Aus Schmusen kann schnell Ernst werden. Über den Schmerz lernen die jungen Wölfe, ihre eigene Beißkraft zu dosieren.

ich zu meiner Überraschung alle wieder friedlich beisammen. Nur bei Linda ist zu den zwei kleinen Wolfskratzern am Hals eine große haarlose Schramme dazugekommen. Waren es die Wölfe? Ich suche den Zaun auf Schwachstellen ab, wo konnte Linda ihn bloß überspringen? Schnell werde ich fündig. Auf der oberen Kante des Zauns kleben noch ihre Haare. Wahrscheinlich hat sie die ganze Zeit verzweifelt versucht, aus ihrer »Sicherheitszone« herauszukommen, und hat sich dabei am Draht die Haare vom Hals abgestreift. Als Kompromiss mache ich eine Stelle des Zauns etwas niedriger in der Hoffnung, dass sich Linda wenn nötig vor ihren ungleichen Geschwistern mit einem Sprung in ihre Ruhezone retten kann. Die kommenden Tage zeigen, dass sich Linda tatsächlich beide Hälften des Gartens zunutze macht. Aber nicht, um sich vor Wolfsattacken zu schützen, sondern um die saftigen Bambustriebe hinten am Teich zu erreichen, sucht sie immer wieder »ihren« Teil des Gartens auf.

Es ist Ende Juli, ein heißer Sommer. Die Temperaturen klettern tagsüber bis auf 40 Grad. Bei dieser Hitze wirkt unser Garten leer und verlassen. Kein Tier kommt auf die Idee, sich wie die Menschen in die pralle Sonne zu legen. Die knapp drei Monate alten Welpen verbringen die meiste Zeit des Tages hechelnd im Schatten. Alle ihre Aktivitäten verlegen sie auf den späten Nachmittag und die Nacht. In den frühen Morgenstunden und in der Abenddämmerung, wenn es kühler wird, kommt auch Linda zum Grasen heraus.

Die erste Spielstunde findet bei den Jungwölfen meistens erst gegen neun Uhr abends statt, wenn die Sonne schon ganz tief steht. Dafür geht es dann aber unglaublich heftig zu und her, fast scheint es, als hätten die Welpen nach mehrstündiger Zwangsruhe einen ungebändigten Nachholbedarf an Bewegung. Sie raufen, schütteln sich gegenseitig, rennen wieder los, bis einer von ihnen stolpert oder einer den anderen zum Fallen bringt – ohne Rücksicht auf Verluste. In dieser Zeit ist Linda wie ein Waldgeist. Man kann sie weder sehen noch hören, man kann nur ahnen, dass sie irgendwo aus ihrem Versteck den Wolfspielen zuschaut. Sie hat gelernt, dass es ratsamer ist, nicht an diesen abendlichen wilden Raufereien teilzunehmen. Sie merkt aber sofort, wenn es ruhiger zugeht. Dann taucht sie plötzlich auf und fängt mit ihrem eigenen Spiel an: Sie joggt, ausdauernd dreht sie ihre Runden im Garten, und zwar mit großer Geschwindigkeit. Die Welpen hören sofort auf zu toben, setzen sich verdutzt hin und gucken ihr zuerst nur hinterher. Links – rechts, links – rechts, wie bei einem Tennisspiel. Als Linda das fünfte Mal

Es gibt Tierfreundschaften über die Artengrenzen hinweg.

an ihnen vorbeizischt, springen sie auf und versuchen ihr nachzujagen. Doch bis sie dem Rehkitz ein paar Meter nachgelaufen sind, überholt Linda sie schon wieder von hinten. Sie sind total verwirrt, setzen sich wieder Seite an Seite hin und schauen nach rechts und nach links, als ob sie der Meinung wären, dass noch mindesten fünf andere Lindas im Garten herumspringen.

Nachdem sich die drei Jungtiere ausgetobt haben, geht es richtig liebevoll zu. Die hochbeinige Linda beugt sich über die liegenden Welpen und beschnuppert sie von der Nase bis zur Schwanzspitze. Die Kleinen wälzen sich dabei auf dem Rücken und tasten ganz zärtlich mit den Vorderpfoten nach ihr. Irgendwann macht Linda zwei Schritte zur Seite und fängt an zu grasen. Die Jungwölfe beobachten sie dabei aufmerksam. Lindas Vorliebe für Grünzeug scheint sie etwas stutzig zu machen. Nach einer Weile stehen sie auf und schleichen sich mit hoch erhobener Nase und aufgerichteten Ohren an. Mit ihren Vorderzähnen schnappen sie nach den halbgekauten Blättern und versuchen sie Linda aus dem Maul zu ziehen. Wenn es ihnen gelingt, kauen sie selbst kurz daran, spucken aber ziemlich enttäuscht alles wieder aus. Mit geneigtem Kopf beobachten sie die seltsamen Essgewohnheiten ihres »Schwesterchens«. Haben die beiden selbst einen Knochen oder ein Stück Fleisch vor sich, knurren sie Linda an, sobald sie ihnen zu nahe kommt. Ihre Mahlzeit möchten sie mit niemandem teilen.

Beim Fläschchengeben hat aber Linda das erste Wort. Sie besitzt ein erstaunliches Durchsetzungsvermögung den Welpen gegenüber und wendet alle Tricks an, um die Jungwölfe von der Flasche wegzudrängen. Um den Wölfen überhaupt Milch geben zu können, muss ich immer zuerst Linda satt füttern.

Wölfe und Falke

In unserem Garten gibt es eine etwas erhöhte Grasfläche, wo wir abwechselnd einige Greifvögel stehen haben. Meistens sind es Vögel, die wir erst falknerisch ausbilden und die noch ein intensives Training brauchen, bis sie bei Flugvorführungen mitwirken können. Hier bei uns gewöhnen sie sich an Menschen, Hunde und vorüberfahrende Autos, was eine wichtige Voraussetzung für die künftige Arbeit vor Publikum ist. Zurzeit steht hier der Sakerfalke Luna. Die sechs Wochen alten Wolfswelpen Shadow und Daylight haben den Platz, der ursprünglich für die Greifvögel vorgesehen war, ebenfalls für sich entdeckt. Von der Erhöhung haben sie einen besseren Überblick über das Grundstück. Am Anfang war Luna zwar über ihre Anwesenheit nicht begeistert und reagierte etwas nervös, aber nach ein paar Tagen ignorierte sie die beiden einfach. Auch die Welpen schenkten ihr zuerst außer einem flüchtigen und vorsichtigen Beschnuppern kaum Aufmerksamkeit.

Ab der vierten Lebenswoche bekommen die Welpen zusätzlich zu ihrer Milchmahlzeit klein gehacktes Fleisch, das sie jedes Mal auf der Terrasse gierig aus ihrer Schale verschlingen. Erst drei Wochen später biete ich jedem jeweils ein größeres Fleischstück an, damit sie ihren Kaumuskeln trainieren können. Die Welpen schnappen sich einen Happen und, anstatt ihn wie gewöhnlich auf der Terrasse aufzufressen, schleppen sie ihn hoch auf ihren Lieblingsplatz. Der Falke bemerkt es natürlich sofort, stürzt sich auf den ersten herankommenden Welpen und reißt ihm die Mahlzeit aus dem Maul. Dem Welpen ist dabei zwar nichts passiert, doch der flatternde Falke jagt ihm einen gewaltigen Schreck ein. Schon ein paar Minuten später wagt er sich aber wieder aus seinem Versteck und versucht sein Fleischstück zurückzuerobern. Geduckt schleicht er sich an den Falken heran, der schon längst zu fressen angefangen hat. Als der Vogel den auf ihn zukriechenden Welpen entdeckt, gackert er bedrohlich und bedeckt das Raubgut sofort mit seinen Flügeln. Nach einiger Zeit gibt der Welpe auf und schaut nun aus sicherer Entfernung zu, wie der Falke seine Portion vertilgt.

Diese Erfahrung kann beide Welpen trotzdem nicht davon abhalten, ihre Fleischstücke jedes Mal auf ihren Lieblingsplatz neben dem Greifvogel hochzuschleppen und sie dort zu fressen. So passiert es in den folgenden Tagen immer wieder, dass ein oder zwei Brocken den Besitzer wechseln. Die Oberhand behält dabei der Falke, aber nur für kurze Zeit. Schon eine Woche nach dem ersten Raub

Shadow und Daylight versuchen dem Sagerfalken Luna das Futter abzujagen.

kann ich beobachten, wie beide Jungwölfe den Vogel so lange belauern, bis sie eine Gelegenheit bekommen, sich das Fleischstück wieder zurückzuholen. Oft geschieht dies in eigentlicher Teamarbeit: Einer der Welpen lenkt den Falken von der Seite her ab, und der andere reißt dem Vogel völlig unerwartet das Fleisch aus den Fängen. Tag für Tag werden die Jungwölfe selbstbewusster, geschickter und dem Falken weit überlegen. Jetzt brauchen sie nicht mehr ihr eigenes Fleisch zu verteidigen, im Gegenteil lassen sie keine Gelegenheit mehr aus, dem Vogel sein eigenes Fressen zu stehlen. Ihr Futterneid ist so groß, dass sie es selbst dann tun, wenn sie gar keinen Hunger mehr haben und das erbeutete Fleisch nur wegtragen und dann liegen lassen. Schließlich muss ich während der Fütterung bei dem Falken Wache halten, um ihn satt zu bekommen.

Ein kröpfender Falke gibt bestimmte Laute von sich. Es ist erstaunlich, wie schnell die Welpen den Zusammenhang zwischen diesem Geräusch und dem Fressen begreifen. Auch der leiseste Falkenruf reißt sie sofort aus tiefem Schlaf, hellwach springen sie auf und rennen zielstrebig zum Vogel, um ihm seine Ration abzunehmen. Es ist nicht der Hunger, der die beiden treibt, sondern eher ein nicht enden wollender Spieltrieb. In der freien Natur kommt ihnen diese Fähigkeit, verschiede Laute und Ereignisse zu verstehen und richtig zu deuten, zunutze.

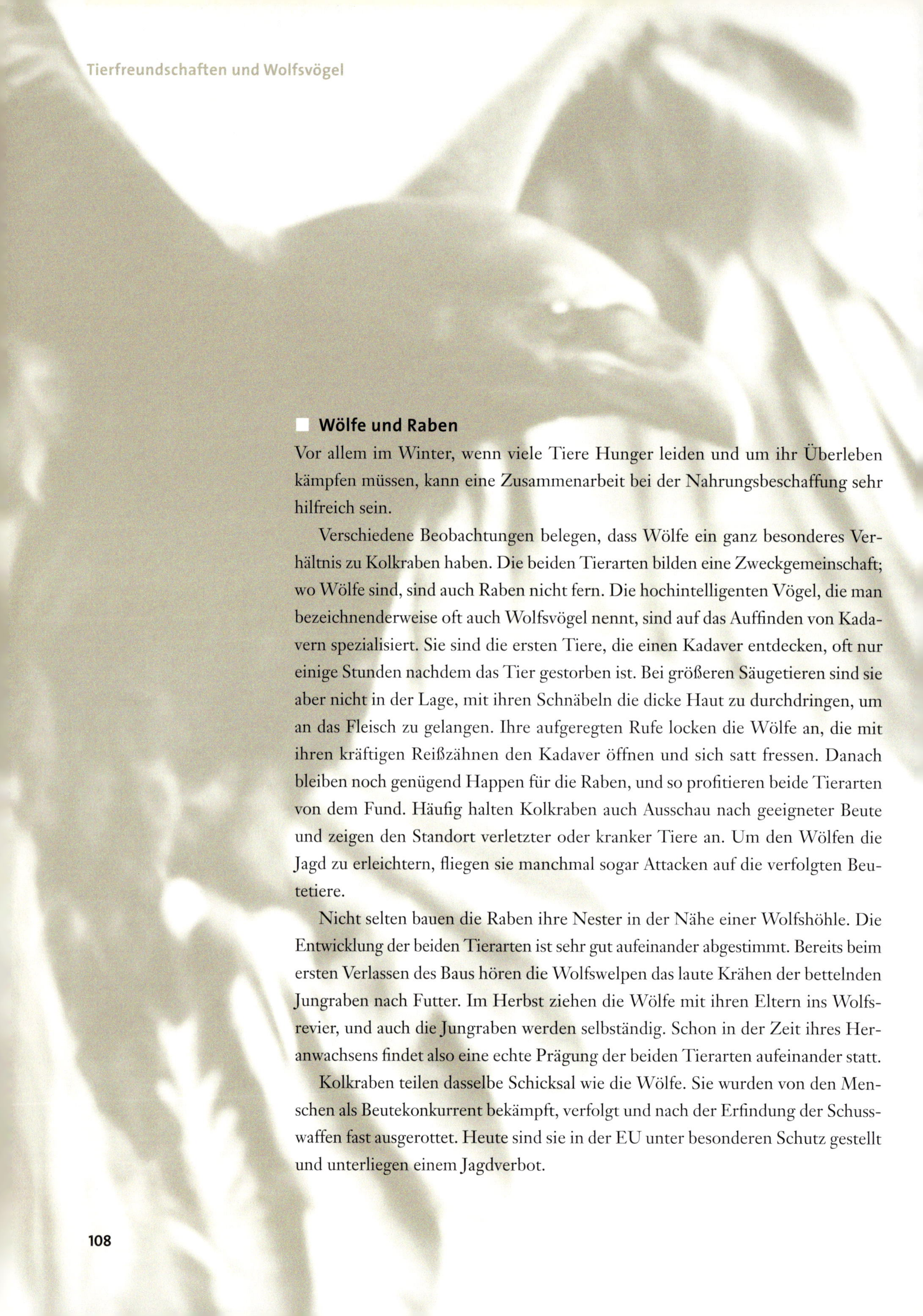

Wölfe und Raben

Vor allem im Winter, wenn viele Tiere Hunger leiden und um ihr Überleben kämpfen müssen, kann eine Zusammenarbeit bei der Nahrungsbeschaffung sehr hilfreich sein.

Verschiedene Beobachtungen belegen, dass Wölfe ein ganz besonderes Verhältnis zu Kolkraben haben. Die beiden Tierarten bilden eine Zweckgemeinschaft; wo Wölfe sind, sind auch Raben nicht fern. Die hochintelligenten Vögel, die man bezeichnenderweise oft auch Wolfsvögel nennt, sind auf das Auffinden von Kadavern spezialisiert. Sie sind die ersten Tiere, die einen Kadaver entdecken, oft nur einige Stunden nachdem das Tier gestorben ist. Bei größeren Säugetieren sind sie aber nicht in der Lage, mit ihren Schnäbeln die dicke Haut zu durchdringen, um an das Fleisch zu gelangen. Ihre aufgeregten Rufe locken die Wölfe an, die mit ihren kräftigen Reißzähnen den Kadaver öffnen und sich satt fressen. Danach bleiben noch genügend Happen für die Raben, und so profitieren beide Tierarten von dem Fund. Häufig halten Kolkraben auch Ausschau nach geeigneter Beute und zeigen den Standort verletzter oder kranker Tiere an. Um den Wölfen die Jagd zu erleichtern, fliegen sie manchmal sogar Attacken auf die verfolgten Beutetiere.

Nicht selten bauen die Raben ihre Nester in der Nähe einer Wolfshöhle. Die Entwicklung der beiden Tierarten ist sehr gut aufeinander abgestimmt. Bereits beim ersten Verlassen des Baus hören die Wolfswelpen das laute Krähen der bettelnden Jungraben nach Futter. Im Herbst ziehen die Wölfe mit ihren Eltern ins Wolfsrevier, und auch die Jungraben werden selbständig. Schon in der Zeit ihres Heranwachsens findet also eine echte Prägung der beiden Tierarten aufeinander statt.

Kolkraben teilen dasselbe Schicksal wie die Wölfe. Sie wurden von den Menschen als Beutekonkurrent bekämpft, verfolgt und nach der Erfindung der Schusswaffen fast ausgerottet. Heute sind sie in der EU unter besonderen Schutz gestellt und unterliegen einem Jagdverbot.

Die aufgeregten Rufe der Kolkraben können Wölfe ganz genau deuten

Für die Indianer sind Raben und Wölfe Tiere der Weisheit. In den Legenden der Indianer schuf der Rabe Sonne, Mond, Sterne und schließlich den Menschen. In germanischen Sagen tauchen Wölfe und Raben oft gemeinsam auf. Der höchste Gott Odin wird von zwei Raben und zwei Wölfen begleitet. Jeden Morgen schickt er seine beiden Raben Hugin (der Gedanke) und Munin (die Erinnerung) los, um die Welt zu erkunden. Nach der Rückkehr berichten sie ihm, was sie auf ihren Rundflügen gesehen haben. Deswegen nennt man Odin auch den »Rabengott«. Von seinem Thron aus überblickt er die gesamte Welt, und zu seinen Füßen wachen die Wölfe Freki (der Gierige) und Geri (der Gefräßige). Die Odinsage bewahrt das uralte Wissen aus unserer Vergangenheit und erzählt über die Verbundenheit des Jägers mit dem Wolf und dem Raben.

Nicht nur in der freien Natur oder in alten Überlieferungen sind Wölfe und Kolkraben zusammen zu finden. In Zoogärten und Wildparks werden in den Wintermonaten die Gehege oft von wilden Raben belagert. Auch von unserem Wolfsrudel fühlen sich frei lebende Kolkraben geradezu magisch angezogen, trotzdem halten unsere Wölfe nicht viel von ihnen. Wenn abends die Kolkraben scharenweise im Wolfsgehege landen, um ein paar Futterreste zu ergattern, genießen sie nicht dieselbe Narrenfreiheit, wie es in der freien Wildbahn der Fall wäre. Ihre Anwesenheit ist für die Wölfe eher eine willkommene Gelegenheit, ihre Geschicklichkeit, Schnelligkeit und List bei der Vogeljagd zu testen. Immer wieder gelingt es den Wölfen, einen unerfahrenen Raben zu fangen und zu töten, allerdings ohne ihn hinterher aufzufressen. Der tote Rabe wird nicht als Nahrung, sondern als »Spielzeug« angesehen. Die in Gefangenschaft geborenen und gehaltenen Wölfe haben noch nie eine Hungersnot oder die überlebenswichtige Bedeutung der Jagd in der Wildnis erlebt, deshalb konnten sie auch nie die Vorteile einer Jagd in Zweckgemeinschaft mit den Kolkraben für sich entdecken.

Die Wolfswelpen Daylight und Shadow sind inzwischen drei Monate alt und damit groß genug, um endgültig unseren Garten zu verlassen und in den Park um-

Frei lebende Wölfe und Kolkraben bilden eine Jagdgemeinschaft.

zuziehen. An einigen Tagen haben sie mich schon stundenweise dorthin begleitet, um sich an die neue Umgebung zu gewöhnen. Heute komme ich das erste Mal ohne Wölfe nach Hause zurück. Es ist ein seltsames Gefühl, auch wenn ich weiß, dass es ihnen im Wildpark gut geht. Ich räume den Garten auf, sammle die Knochenreste und Spielzeuge von unserem Rasen weg, baue die provisorischen Schutzzäune ab und schütte die von den Welpen gegrabenen Löcher zu. Linda verfolgt mich bei all diesen Arbeiten auf Schritt und Tritt.

Langsam wird es dunkel. Ich sitze mit meinem Mann auf der Terrasse, es ist ungewöhnlich ruhig. Zum ersten Mal nach längerer Zeit müssen wir die Terrassentür nicht geschlossen halten, um unser Abendbrot ohne einen Wolf am Tisch essen zu können. Nur Linda verhält sich heute anders als sonst. Obwohl sie schon ihr abendliches Fläschchen bekommen hat, ist sie sichtbar unruhig. Sie springt im Garten hin und her, nutzt die Gelegenheit, dass heute alle Türen offen, stehen und läuft fiepend an uns vorbei ins Haus. Aber auch dort beruhigt sie sich nicht, alle Zimmer werden von ihr systematisch untersucht. Sie springt durch die Küche, durch mein Arbeitszimmer und landet im Bad sogar in der Badewanne. Kaum zu glauben, sie sucht verzweifelt nach den Welpen. Es vergehen fast drei Tage, bis Linda die Suche aufgibt.

Ich muss zugeben, ich habe die Tierfreundschaft, die sich zwischen den jungen Wölfen und dem Rehkitz entwickelt hat, unterschätzt. Ich dachte, wenn die Welpen aus unserem Garten verschwunden sind, wird Linda endlich genügend Freiraum für sich allein haben. Ich hätte nie damit gerechnet, dass sie die »wilde Bande« so vermissen würde.

Tierfreundschaften über die Artengrenze hinweg

Es gibt durchaus Tierfreundschaften über die Artengrenzen hinweg. Ein extremes Beispiel einer solchen Gemeinschaft zweier völlig verschiedener Arten war eine wilde Löwin aus dem Samburu-Nationalpark in Kenia. Sie adoptierte eine junge Oryx-Antilope und erlaubte sogar deren leiblicher Mutter, ihr Junges regelmäßig zu besuchen und mit Milch zu versorgen. Von dieser ungleichen Beziehung gibt es erstaunliche Filmaufnahmen. Nach einiger Zeit wurde die kleine Antilope leider von einem Löwenmännchen gerissen. Trotzdem gab die Löwin nicht auf und suchte sich wiederholt ein neues Antilopenkitz.

Auch die Tigerin Sai Mai aus einem Zoo in der thailändischen Provinz Chonburi hat recht kuriose Freunde. Sie spielt und tobt in ihrem Gehege mit Ferkeln. Die inzwischen ausgewachsene Großkatze wurde in ihren ersten vier Lebensmonaten von einem Hausschwein gesäugt und aufgezogen. Als Folge davon betrachtet sie die grunzenden Mitbewohner nicht als schmackhafte Beute, sondern als ihre eigenen Geschwister.

Eine ungewöhnliche Tierfreundschaft wurde auch aus dem deutschsprachigen Raum bekannt. Im Berliner Zoo tauchte eines Tages im Gehege der Kragenbären eine streunende schwarze Katze auf. Keiner wusste, woher sie kam, und niemand glaubte, dass sie dort lange überleben würde. Doch der kleine Haustiger verstand sich auf Anhieb mit Mausi, der alten Kragenbärin. Vom ersten Tag an waren die beiden unzertrennlich. Sie teilen sich Futter und Schlafplatz, sie schmusen miteinander und nehmen gemeinsam ein Sonnenbad. Diese harmonische Wohngemeinschaft dauert nun schon mehrere Jahre.

In der kanadischen Hudson Bay in der Nähe der Stadt Churchill streunen im Herbst einige Eisbären herum und warten, bis die Bucht zufriert, um weiter nach Norden wandern zu können. Diese größten auf dem Land lebenden Raubtiere jagen alles, was ihnen vor die Pranken kommt. Die angebundenen Schlittenhunde der Eskimos zählen oft zu ihrer Lieblingsbeute – nur in Churchill nicht. Dort kommt jahrelang ein Bär bis dicht an die Siedlung, um mit einem Hund herumzutollen. Inzwischen sind es schon vier weitere Eisbären, die regelmäßig den Schlittenhunden einen Besuch abstatten. Sogar Eisbärexperten finden für dieses Phänomen keine Erklärung. In der Natur gehen oft Dinge vor, die wir nicht begreifen …

Hunde mit Wolfsblut

Eines Abends bekomme ich einen Anruf von einem unbekannten Mann. «Entschuldigen Sie, dass ich Sie so spät noch störe, aber ich habe gehört, dass Sie sich mit Wölfen auskennen. Ich hätte eine Frage an Sie, vielleicht können Sie mir helfen. Ich war im letzten Monat dienstlich in den USA. Dort habe ich mir einen Wolfswelpen gekauft und mit nach Hause gebracht. Kann man irgendwie feststellen, ob es sich dabei tatsächlich um einen reinrassigen Wolf handelt?«

Ein Wolfswelpe in dieser Jahreszeit? Ich werde etwas stutzig und frage nach: »Wie alt ist das Kleine denn?« – »Drei Monate«, antwortet der Mann, und er beschreibt er mir, wie der Welpe aussieht, wie er sich entwickelt und verhält. Es ist ein langes Gespräch, und fast alles deutet darauf hin, dass es sich tatsächlich um keinen gewöhnlichen Hundewelpen, sondern um ein Wolfsjunges handeln könnte. Doch es bleibt die Tatsache, dass es im Februar noch keine Wolfswelpen gibt, in diesem Monat beginnt erst die Paarungszeit.

Die wilden Verwandten des Hundes bekommen nur einmal im Jahr Junge. Südlich des 45. Breitengrads kommen die Welpen zwischen Mitte März und April auf die Welt. Nördlich davon werden sie zwischen April und Ende Mai geboren. Deshalb komme ich zu der Überzeugung, dass es sich mit höchster Wahrscheinlichkeit um einen Wolfsmischling handelt. Da sogar die Welpen von ein und demselben Wurf sehr unterschiedlich aussehen können, kann man nur mit einer DNA-Probe nachweisen, ob es sich um einen Mischling oder um ein reinrassiges Tier handelt. Mir ist bekannt, dass man sich in den USA ohne größere Probleme einen Wolf oder einen Wolfshybriden kaufen konnte. Erst nachdem es dort einige schwere Zwischenfälle mit Kindern gab, besteht in vielen US-Staaten ein Haltungs- und Zuchtverbot für diese Tiere.

Zufallskreuzungen und Zuchtversuche

Wolfsmischlinge, Kreuzungen zwischen einem Hund und einem Wolf, gab es schon immer, gewollt oder ungewollt, vor allem in Regionen, wo sich Hund und Wolf unkontrolliert begegnen können, wie zum Beispiel bei den Schlittenhunden in Alaska. Hier kommt es in Ausnahmefällen und ohne menschliche Absicht immer wieder dazu, dass sich ein Wolf mit einem Hund paart. In diesen Fällen passiert es in der Regel zwischen einer einsamen läufigen Wölfin und einem Hunderüden.

Obwohl der Tschechoslowakische Wolfshund (links) einen Teil Wolfsblut in sich hat, ist besonders am Gebiss der Unterschied zum Wolf (rechts) deutlich sichtbar.

In Deutschland, in der Muskauer Heide, war die Aufregung groß, als man 2003 feststellte, dass der vierköpfige Nachwuchs einer der hier frei lebenden Wölfin große Ähnlichkeiten mit einem Hund aufwies. Da sich diese Hybriden wiederum mit Wölfen paaren können, wäre dann die genetische Reinheit der einzigen, kleinen Wolfspopulation in Deutschland ernsthaft gefährdet. Aus diesem Grund hat man zwei der Jungtiere gefangen und in einem Gehege untergebracht, die zwei anderen sind leider spurlos verschwunden.

Aber auch gezielt wurden verschiedene Zuchtversuche unternommen im naiven Glauben, aus einem Wolf und einem Hund einen Superhund züchten zu können. Dabei unterscheidet man zwischen Wolfmischlingen und Wolfshybriden. Ein Wolfsmischling ist die Kreuzung der ersten Generation zwischen einem reinrassigen Wolf und einem Haushund, ein Wolfshybride ist die zweite oder eine noch weiter entfernte Verbindung zwischen zwei Wolfshybriden oder einem Wolfshybriden und einem Haushund.

Für den Umgang mit solchen Tieren reicht die Erfahrung mit Hunden nicht aus. Die unter Umständen tödlich wirkende Verbindung des Wilden und des Domestizierten hat zur Folge, dass die Mischlinge unberechenbar und viel aggressiver sind als reinrassige Wölfe. Es entsteht ein Tier mit den räuberischen Instinkten des Wolfs, aber ohne das wölfische Feingefühl, ohne Beißhemmung und ohne Furcht und Respekt vor den Menschen. Die ersten ernsten Probleme treten meistens mit der Geschlechtsreife auf. Spätestens im zweiten bis dritten Lebensjahr bricht bei Hybriden schlagartig das Wilderbe durch. Sie versuchen sich den obersten Platz in ihrem menschlichen Rudel zu erkämpfen, dabei werden angeborene urtümliche Verhaltensweisen viel schneller wachgerufen und konsequenter durchgesetzt als bei Hunden. Ihre Gebundenheit an die Menschen, bei denen sie aufgewachsen sind, und ihre Scheu vor Fremden macht es unmöglich, sie an einen neuen geeigneten Besitzer zu vermitteln. Als einziger und verantwortungsbewusster Ausweg bleibt leider oft nur die Tötung des Tieres.

Trotzdem betrachten manche Menschen Wölfe, Wolfsmischlinge oder Wolfshybriden als Statussymbol oder als greifbares Sinnbild der Wildheit. Bereits das alte iranische Buch »Awesta«, das von der Entstehung der Welt berichtet, warnt vor Kreuzungen zwischen Hunden und Wölfen und nennt dies »eine Sünde, die man an dem Hund begeht«. Es bleibt nur zu ergänzen: nicht nur am Hund, sondern auch am Wolf.

Gelassenheit und Aggressivität. Zum Wolf gehört eine große Bandbreite von unterschiedlichen Gefühlsregungen, die bei einem Hund unpassend und unerwünscht sind.

Die ersten ernsthaften Zuchtversuche fanden vor etwa drei Jahrzehnten in den USA und in Kanada statt. Man kreuzte einen Wolf mit einem Schlittenhund, um Hunde mit größerer Ausdauer, Kraft und höherer Resistenz gegen Krankheiten zu erhalten. Allerdings ohne das erwartete Ergebnis. Anfangs wurden vor allem die nordischen Rassen wie Siberian Husky, Malamute und Samojede mit Wölfen gepaart, später aber auch Dutzende anderer Rassen. Auch der Deutsche Schäferhund blieb nicht von solchen Experimenten verschont. Am Anfang des letzten Jahrhunderts wurde er mehrmals gezielt mit dem Wolf gekreuzt, wobei es vor allem um die Verbesserung seines Aussehens ging. Man erhoffte sich davon, dass der Deutsche Schäferhund – als einziger »Wolfserbe« – begehrte anatomische Eigenschaften des Wolfs erhalten würde, wie kleine stehende Ohren und einen stark behaarten, herunterhängenden Schwanz. Das Ziel war auch eine verbesserte Beweglichkeit und eine größere Ausdauer. Doch auch dieser Versuch schlug fehl. Die Tiere waren extrem menschenscheu, schreckhaft, misstrauisch und bereit zu beißen, sobald sie sich in die Enge getrieben fühlten.

Trotz diesen Misserfolgen fanden sich immer wieder Hundezüchter, die von der Schönheit, der Kraft, den geschmeidigen Bewegungen, der Intelligenz und auch vom Charakter des Wolfs fasziniert waren. Sie versuchten, mit Hilfe des Wolfes einen »besseren« Hund heranzuzüchten, und so sind schließlich zwei neue Hunderassen entstanden, der Tschechoslowakische Wolfshund und der Saarloos-Wolfshund.

Den Grundstein für die Entstehung des Tschechoslowakischen Wolfshunds legte im Jahr 1933 Karel Hartel. Im Namen der Wissenschaft paarte er damals zum ersten Mal die Karpatenwölfin Britta mit dem Deutschen Schäferhund Cesar z Brisoveho Haje. Das Ziel war, dadurch Erkenntnisse hinsichtlich der Vererbung

bestimmter Eigenschaften von den Muttertieren auf die Nachkommen zu gewinnen. Im Jahr 1958 wurde ein junger Wolfshund (ein Nachkomme in direkter Linie der Wölfin Britta und des Schäferhunds Cesar) als Schutzhund beim tschechischen Grenzschutzmilitär eingesetzt. Dabei entstand zum ersten Mal die Idee, damit eine neue Hunderasse zu begründen. Im Jahr 1966 stellten die Züchter einen Antrag auf Eintragung in das Zuchtbuch der FCI. Der Antrag wurde abgelehnt, und so sank das Interesse an der Zucht. Erst im Jahr 1982 wurde der Tschechoslowakische Wolfshund als neue nationale Hunderasse anerkannt. Danach wurden sechsundsechzig Hunde in das Zuchtbuch eingetragen. Alle Zuchttiere müssen eine Leistungsprüfung ablegen, bei der die erwachsenen Tiere einen 50-Kilometer-Lauf, die Junghunde einen 25-Kilometer-Lauf zu absolvieren haben.

Die äußere Ähnlichkeit mit dem Wolf ist beim Tschechoslowakischen Wolfshund unübersehbar; der elastische Gang, das silbergraue Fell, kleine, aufgerichtete, dreieckige Ohren, die relativ schmalen, gelben Augen und die für einen Hund sehr großen Reißzähne. Er bellt viel weniger als andere Hunde, typisch für ihn ist dagegen das Heulen. Fremden gegenüber ist er zwar distanziert, aber nicht feindselig. In keinem Fall ist es ein Hund für die Stadt.

Zum Verwechseln ähnlich und selbst für Experten manchmal schwer zu unterscheiden ist die zweite Hunderasse mit Wolfsblut, der niederländische Saarloos-Wolfshund. Diese Hunderasse trägt ihren Namen nach ihrem Erstzüchter, dem Holländer Leendert Saarloos. Er war überzeugt davon, dass der Hund schon zu viel von seinem natürlichen Verhalten verloren habe. Der Hund war ihm bereits zu sehr

Links: Zwei Tschechoslowakische Wolfshunde.

Rechts: Wolfs-Schäferhund-Mischling.

Rechte Seite: Wie die Wölfe fühlen sich auch Tschechoslowakische Wolfhunde im Rudel am wohlsten.

domestiziert und wies in seinen Augen zu viele Degenerationen auf. Um seinen »idealen Hund« zu züchten, kreuzte er in den zwanziger Jahren des letzten Jahrhunderts die Wölfin Fleur mit dem Deutschen Schäferhund Gerard van de Fransenum. Er wiederholte diese Verbindung in seiner Zucht mehrmals in der Hoffnung, durch strenge Selektion seinen »Naturhund« zu erhalten. Viele der Welpen sind an Staupe gestorben, da Saarloos »naturgesunde« Hunde ohne Zivilisationskrankheiten züchten wollte und deshalb Impfungen ablehnte. Seine Annahme, dass seine Wolfshunde gegen Infektionskrankheiten resistent sein würden, hat sich nicht bestätigt; auch seine Zuchtwölfin Fleur starb an einer Viruserkrankung. Danach schenkte ihm ein Zoo eine zweite Wölfin, Fleur II, die Saarloos ebenfalls für seine Zuchtversuche einsetzte.

Mit seinen Ergebnissen war er nicht zufrieden. Die neu gezüchteten Hunde waren scheu und in der Beziehung zum Menschen unzuverlässig. Der Versuch, die Hunde zu Polizeihunden auszubilden, scheiterte. Die Ausbildung zum Rettungshund war von ebenso wenig Erfolg gekrönt. Auch als Wachhunde waren sie nicht zu gebrauchen, da diese Hunde nur selten bellen. Durch einen Unfall in seiner Familie glaubte Saarloos dann doch ein mögliches Einsatzgebiet für seine Hunde entdeckt zu haben. Als seine Frau, die ihn die ganze Zeit bei seiner Arbeit unterstützt hatte, erblindete, versuchte er einen seiner Hunde zum Blindenhund auszubilden. Als ein Exemplar der neuen Rasse diese Prüfung bestand, glaubte sich Saarloos bestätigt und richtete eine Schule für Blindenhunde ein. Schon bald zeigte sich jedoch, dass die neue Hunderasse auch für diese Ausbildung grundsätzlich ungeeignet war. Das scheue und vorsichtige Verhalten des Hundes machte eine zuverlässige Arbeit auf verkehrsreichen Straßen fast unmöglich.

Im Jahre 1969 starb Leendert Saarloos, ohne seinen »Traumhund« gefunden zu haben. Offiziell wurde der Saarloos-Wolfshund in den Niederlanden sechs Jahre später anerkannt.

Weniger bekannt als die beiden anerkannten Wolfshundrassen ist der italienische Wolfshund, Lupo Italiano. Er ist extrem lebhaft und daher besonders zum Einsatz als Rettungshund bei Naturkatastrophen geeignet. Erste Zuchtversuche erfolgten bereits im Jahr 1966.

Wolfshunde sind keine Hunde für Anfänger. Wer trotzdem einen solchen Hund haben möchte, sollte sich vorab über sein Wesen und seine Bedürfnisse genau informieren und den Welpen nur bei erfahrenen Züchtern holen.

Die Übermacht der Instinkte

Es ist fraglich, ob es heutzutage überhaupt noch vertretbare Gründe gibt, einen Hund mit einem Wolf zu kreuzen. Was verspricht man sich von solch einem Tier, das weder Hund noch Wolf ist?

Nach neuesten genetischen Erkenntnissen brauchte es mindestens fünfzigtausend Jahre der Entwicklung, um einen Hund in der heutigen Form zu erhalten – eifrig, willig, fähig, sich unterzuordnen, und leicht dressierbar. Wenn sich ein Wolfshybride wie ein Hund verhalten soll, müssen die wölfischen Eigenschaften durch komplizierte Zuchtmaßnahmen zum größten Teil wieder entfernt werden.

Da der Haushund voll in die menschliche Gemeinschaft integriert ist, kann man seine Fähigkeiten in vielen Bereichen nützen. Ein Wolf, auch ein zahmer Wolf, dagegen ist schwer beeinflussbar und folgt seinen ursprünglichen Instinkten. Natürlich ist der Wolf sehr intelligent, und es ist auch relativ einfach, ihm kleine Kunststückchen beizubringen. Er begreift schnell, dass er sich durch die Befolgung eines Befehls eine Belohnung sichern kann. Trotzdem trifft er die Entscheidung, einen Befehl auszuführen oder nicht, letztlich nach seinem Instinkt. Sich fehlerlos und schnell entscheiden zu können ist in freier Wildbahn für ihn überlebenswichtig. So kann man es einem »abgerichteten« Wolf kaum zumuten, auf eine

Schafherde aufzupassen oder wie bei einem Schutzhund einen Eingriff erst auf Befehl auszuführen.

Ein Wolf bellt selten. Ein kurzes »Wuffen« genügt ihm, um zum Beispiel seine Welpen bei Gefahr zu warnen. Ein Hund dagegen macht sich in Situationen bemerkbar, in denen ein Wolf dies nie tun würde. Jeder Hundebesitzer kann an der Art des Bellens den Grund dafür erkennen. Der Hund bellt aus Freude über die Ankunft einer ihm bekannten Person anders als beim Auftauchen eines Fremden. Bei einem Jagdhund kann man am Rhythmus, an der Länge, der Lautstärke und der Tonlage des Bellens erkennen, ob er eine Katze oder ein Eichhörnchen auf den Baum getrieben hat.

Um zuverlässig mit ihm arbeiten zu können, muss ein Hund frei von Ängsten und Fluchttendenzen sein, was man von einem Wolf niemals erwarten könnte. Bei Gefahr zu flüchten ist für ihn lebenswichtig. Wölfe und Wolfshybriden werden auch nicht stubenrein, da sie nach Wolfsart ihr Territorium markieren möchten. Auch ihre unstillbare Neugier kann dem Besitzer schnell zum Verhängnis werden. Alles wird mit den Zähnen untersucht, Garten und Haushalt werden in der Regel in kürzester Zeit bis zur Unkenntlichkeit demoliert. Wölfe sind außerdem wahre Ausbruchskünstler. Um ein solches Tier zu halten, braucht man extra hohe Zäune und in den Boden versenkte Gitter. Ihr angeborener Jagdinstinkt, der selbst bei Jagdhunden züchterisch stark reduziert ist, kann zu einer ernsten Gefahr nicht nur für Haustiere werden; sogar Kinder können relativ leicht ihr Jagdverhalten auslösen.

Es gibt etwa vierhundert registrierte Hunderassen und dazu eine astronomisch hohe Anzahl an Mischlingshunden. Wer nicht in der Lage ist, unter diesen einen passenden Hund für sich zu finden, sollte auf den Besitz eines Hundes lieber ganz verzichten.

Das Telefongespräch mit dem frischgebackenen Besitzer eines »Wolfswelpen« war lang, und ich war tatsächlich neugierig geworden. Der Mann versprach, mich in den folgenden Tagen mit seinem Schützling zu besuchen. Ich machte ihn noch darauf aufmerksam, dass solche Tiere dem Washingtoner Artenschutzübereinkommen unterstehen und dass man für ihre Haltung eine behördliche Genehmigung und die so genannte Herkunftsbescheinigung benötigt. Wahrscheinlich habe ich ihn damit verunsichert, jedenfalls wartete ich trotz unserer Verabredung vergeblich auf ihn und das »Wolfsjunge«.

Mit seinen beeindruckenden Zähnen könnte Nanuk das Gesicht von Tanja Askani zermalmen. Dass er nur leicht zwickt, ist ein besonderer Beweis wölfischer Zärtlichkeit.

Wolf und Mensch

Der Homo sapiens, die biologische Art »Mensch«, gehört zusammen mit den Menschenaffen zur Familie der Hominiden, trotzdem stehen sich Mensch und Wolf in ihrer Lebensweise viel näher.

Die ältesten Funde menschlicher Überreste, die aus 3,5 Millionen Jahren alten Ablagerungen aus Ostafrika stammen, zeigen, dass sich der Homo sapiens aus früheren Menschenarten entwickelt hat. Bekanntlich sind Menschen und Schimpansen genetisch sehr ähnlich. Auch wenn immer noch Millionen Unterschiede im Aufbau der Moleküle existieren, gleicht sich ihre Erbsubstanz zu 98,7 Prozent. Trotz dieser genetischen Verwandtschaft trennten sich im Laufe der Evolution die Wege der beiden Spezies. Infolge seiner weiteren Entwicklung wird der Mensch zu einem »Raubaffen«. Als Jäger ist er auf ein größeres Revier angewiesen als seine pflanzenfressenden Affenverwandten. Er verlässt aufrecht gehend den Wald, seine Sozialstruktur verändert sich und entwickelt sich zu einer Jagdgemeinschaft mit einer festen Rangfolge und einer komplexen Kommunikationsstruktur. Seine planvolle und gut organisierte Jagdmethode ermöglicht ihm als dem einzigen von allen Primaten, Beutetiere zu erlegen, die viel größer sind als er selbst.

Ein Pflanzenfresser muss verhältnismäßig große Nahrungsmengen zu sich nehmen, um seinen Energiebedarf zu decken. Um die Nährstoffe aufnehmen zu können, muss die pflanzliche Nahrung gut gekaut und zerkleinert werden. So verbringt er tagtäglich sehr viel Zeit mit Weiden, Fressen und Kauen. Ein Fleischfresser dagegen kann relativ schnell hochwertige Nahrung in konzentrierter Form aufnehmen und kann so die restliche Zeit zum Ruhen, Wandern und Pflegen sozialer Kontakte nutzen.

Dominante Wölfe zeigen ihre Stellung mit Körperhaltung und erhobener Rute an.

Frühe Domestizierung

Lange wurde angenommen, dass der Wolf vor etwa 14000 Jahren durch den Menschen domestiziert wurde. Es gibt verschiedene Theorien, wie es dazu gekommen ist. Eine davon geht von der Vermutung aus, dass der Mensch einen Wolfswelpen aufgezogen und dadurch auf sich geprägt hat.

Erst vor kurzem ergab eine Untersuchung aus Kalifornien von Fußspuren eines Hundes, die in der Höhle von Chauvet in Frankreich entdeckt worden waren, dass diese mindestens 25000 Jahre alt sind. Diese Pfotenabdrucke von damals unterscheiden sich bereits deutlich von jenen des Wolfes, was beweist, dass sich Hund und Wolf genetisch viel früher als bisher angenommen auseinander entwickelten. Eine von schwedischen und amerikanischen Evolutionsbiologen durchgeführte Erbgutanalyse belegt, dass es vor 135000 bis 60000 Jahren zur Domestikation des Wolfes gekommen sein müsste.

Die ersten Frühmenschen wanderten erst vor 90000 Jahren aus ihrem Ursprungsland Afrika nach Asien. Das heißt, dass der Beginn der Domestikation des Wolfes schon vor dem Beginn dieser Wanderung liegen könnte. Dabei handelte es sich nicht nur um das einfache Zähmen des wilden Tiers, sondern um einen ganzen Komplex von biologischen und verhaltensmäßigen Veränderungen. Nach der DNA-Analyse lebten Wölfe und Frühmenschen bereits seit mehr als fünftausend Generationen vor der Entstehung der so genannten zivilisierten Gesellschaften und Kulturen zusammen.

Wolfsrudel und Stammesverband

Die Lebensweise der urzeitlichen Stammeskulturen ähnelt stark jener des Wolfsrudels. Beide leben in kleinen Familienverbänden mit mehreren Generationen,

mit einer festen Hierarchiestruktur und genauer Arbeitsteilung zwischen den Geschlechtern. Um das Leben in der Gruppe zu ermöglichen, besitzen Mensch wie Wolf ein ausgeprägtes Sozialverhalten und bilden starke Beziehungen zu den anderen Mitgliedern des Rudels beziehungsweise Stammesverbandes. Dabei spielen ihre hohe Intelligenz, ihre große Lernfähigkeit, ihr instinktives Feingefühl und eine beständige Loyalität eine bedeutende Rolle. Wolf und Mensch stehen zusammen als Fleischfresser an der Spitze der Nahrungspyramide, sie besitzen die gleichen Territorien und jagen dieselben Beutearten. Genetisch mit dem Menschen verwandte Primaten dagegen blieben mit anderen Pflanzenfressern eine Stufe unter ihnen.

Es ist sehr wahrscheinlich, dass die Wölfe in früheren Zeiten gar nicht so scheu waren, wie wir sie heute kennen. Die damalige Annäherung von Mensch und Wolf oder eine allfällige Zusammenarbeit bei der Jagd könnte viel unkomplizierter verlaufen sein, als wir heute denken. Angst, Furcht und Scheu vor den Menschen haben die Tiere erst im Laufe der Zeit erworben. Mit sinnlosen Verfolgungsjagden über Generationen hinweg rottet der Mensch alle Lebewesen aus, die nicht genügend Vorsicht besitzen und ihm rechtzeitig aus dem Weg gehen. Nur die scheusten unter ihnen entgehen diesem Schicksal, können weiterleben und sich weiter vermehren und vererben diese Eigenschaften an ihre Nachkommen. Als Beispiel sei der scheue europäische Fuchs und sein enger Verwandter, der Polarfuchs, erwähnt. In den unwirtlichen, menschenleeren Gegenden, in denen der Polarfuchs lebt, konnte er nicht so intensiv bejagt und verfolgt werden wie der bei uns heimische Rotfuchs, und so ist der Polarfuchs von Natur aus viel zutraulicher als unser Fuchs. Aus demselben Grund sind trotz ihrer engen Verwandtschaft zwischen dem europäischen und dem arktischen Wolf große Unterschiede in ihren Verhaltensweisen festzustellen.

Jeder weiß aus Erfahrung, wie stark ein Haustier das Verhalten eines Menschen beeinflussen kann. Ob es nun der Wellensittich einer einsamen alten Dame oder das Kaninchen eines kleinen Mädchens ist, jedes Tier hat Einfluss auf unser Leben, unseren Tagesablauf und unsere Gewohnheiten. Die Bedürfnisse des Menschen passen sich dem Tier an und umgekehrt. Und wie war es wohl damals, als sich die Wege des Wolfes und des Frühmenschen in der Wildnis kreuzten und sie das erste Mal miteinander Kontakt hatten? Mit Sicherheit hat der ständige Umgang unserer Vorfahren mit den Urhunden die Weiterentwicklung beider stark

beeinflusst, und es kam zum langen, in gegenseitiger Beeinflussung und Wechselwirkung stattfindenden Prozess der Entstehung des Menschen und des Hundes. Die Bindung zwischen den beiden Spezies erlangte eine zunehmende Bedeutung und Beständigkeit, und dadurch entstand eine in der Evolutionsgeschichte neuartige Form des Zusammenlebens.

Ähnlichkeiten Wolf - Mensch

Die Evolution schritt stetig voran, der Mensch entfernte sich immer mehr von tierischen Verhaltensweisen und bezeichnete sich selbst als humanistisch und aufgeklärt. Sein Leben wurde zunehmend durch Bestimmungen, Regeln, Gesetze und Vorschriften geprägt. Alle als typisch menschlich bezeichneten Handlungs- und Verhaltensweisen sind durch einen langen Lernprozess entstanden. Daneben existieren immer noch, wenn auch oft versteckt, die Ur- und Überlebensinstinkte aus Jäger- und Sammlerzeiten.

Bei aufmerksamer Beobachtung kann man auch heute noch zahlreiche Ähnlichkeiten zwischen Mensch und Wolf finden. So zeigen sie zum Beispiel ein sehr ähnliches Ausdrucksverhalten. Mit ihrer Körperhaltung und Mimik, die sich je nach Situation verändert, können beide Spezies leicht verständliche und klare Signale senden. Eine unterwürfige Haltung, wie ein gesenkter Kopf und ein ausweichender Blick, haben auf einen Angreifer unter normalen Umständen aggressionshemmende Wirkung. Die zur Schau gestellten Schulterstücke und Goldlitzen eines Schützenvereinsbruders oder eines Offiziers haben keine andere Bedeutung als die würdevoll hoch getragene Rute des Alphawolfs. Unsere Landesgrenzen stecken wir mit Grenzsteinen ab und unser Grundstück mit einem Zaun. Ein Wolf tut dasselbe, verwendet dazu nur andere Mittel; er markiert sein Territorium und Jagdrevier mit Harn und Kot. Die Grenzen werden streng bewacht; wenn ein ungebetener Gast ein gekennzeichnetes Gebiet betritt, reagiert Mensch wie Wolf gleich aggressiv.

Zahlreiche weitere Ähnlichkeiten lassen sich finden:

Ob am Arbeitsplatz oder in der Schule ist in der heutigen Zeit Mobbing immer wieder ein Thema. Hintergrund ist hier wie im Wolfsrudel die soziale Rangfolge.

Mit Körpersprache und Mimik werden leicht verständliche Signale gesendet.

Auch bezüglich des Nachwuchses zeigen sich Parallelen: Wie bei den Wölfen haben auch in der menschlichen Familie Kinder einen Sonderstatus. Großeltern, Tanten und andere Verwandte sind von den Kleinen begeistert, um sie besorgt und geben gut gemeinte Ratschläge zur »Aufzucht«. Egal ob Mensch oder Wolf, sie reagieren gleich. Wenn ein kleines Kind zu weinen anfängt, wenden sie sich ihm besorgt zu, um zu sehen, ob es Hilfe braucht.

Während der Ranzzeit lassen sich die Wölfe – menschlichen Wesen in dieser Phase nicht unähnlich – keine Sekunde aus den Augen, spielen und umtänzeln einander, dabei legen sich die Vorderpfoten gegenseitig auf die Schulter und schubsen sich mit der Nase. Es werden pausenlos Liebkosungen mit zärtlichem Schnauzenkontakt und intensiven Körperberührungen ausgetauscht. Der geliebte Partner wird eifersüchtig bewacht, jeder Konkurrent, der sich ihm nähert, wird gnadenlos verjagt.

Auch unser »wölfischer« Jagdtrieb ist trotz vorangeschrittener Zivilisierung noch nicht ganz verschwunden. Die allzu bequem erlegte vakuumverpackte »Beute« aus dem Supermarkt kann unseren Jagtrieb nicht stillen, daher verlegen wir uns auf andere Betätigungsfelder, gehen etwa mit dem Fotoapparat auf die Pirsch oder finden seine Befriedigung in Sport oder Spiel. Interessant übrigens, dass sich fast alle beliebten Computerspiele um das Jagen, das Meistern von Gefahren und Lösen von speziellen Aufgaben drehen. Nicht zuletzt drängt sich mir der Vergleich mit einem Wolfsrudel auf, wenn ich das Verhalten der Menschen am Frühstücksbüffet in einem Hotel, am kalten Büffet auf einer Party oder bei der saisonal bedingten Schnäppchenjagd in städtischen Einkauf beobachte.

Wolfsverhalten und Menschenverhalten

Ein Geschäftsmann meldet sich bei mir mit dem Wunsch, bei uns vor dem Wolfsgehege einen Workshop für Führungskräfte einer größeren Firma zu veranstalten.

Wie kann man anhand einiger kleiner Beispiele aus dem wölfischen Familienleben Managern etwas vermitteln, das für die Leitung eines Betriebes von Nutzen sein kann? Trotz meiner Skepsis willige ich ein und wir vereinbaren einen Termin. Der Geschäftsmann erscheint mit einer bunten Mischung von Männern und Frauen verschiedenen Alters, und gemeinsam gehen wir zum Gehege. Unterwegs erzähle ich von unseren Wölfen, dadurch lockert sich die Stimmung und die ersten Fragen kommen.

Beim Gehege angekommen kann ich dem Verhalten der Wölfe entnehmen, dass sie nicht verstehen, warum ich entgegen meiner Gewohnheit vor dem Gehege stehen bleibe, und es macht sich eine gewisse Unruhe bei ihnen bemerkbar. Sie laufen am Zaun entlang und versuchen mir trotz dem trennenden Gitter möglichst nahe zu kommen, das geht natürlich nicht ohne Knurren und Zähnefletschen ab. Dieses Verhalten weckt das Interesse der Seminarteilnehmer, und es kommen immer mehr Fragen: Wer ist der Rudelführer und hat das Sagen? Wie werden Spannungen abgebaut? Gibt es auch unter Wölfen Mobbing, und wie verständigen sie sich untereinander? Mit kleinen konkreten Geschichten und Vorkommnisse aus dem Leben unseres Rudel versuche ich Antworten zu geben, und gemeinsam finden wir immer mehr Parallelen zum menschlichen Verhalten.

Allein schon die Art, wie der dominantere Welpe Daylight und sein kleinerer Bruder Shadow ihre Konflikte lösen, erinnert an zwei Menschengeschwister, die sich zwar tagsüber um Spielzeug raufen, aber nach dem »Sandmännchen« friedlich zusammen im Bett einschlafen. Das Spiel der beiden Grauwölfe sieht zwar manchmal gefährlich aus, trotzdem gehen sie jeden Weg gemeinsam, und beim Ruhen sucht einer die Nähe des anderen. Und das ließe sich auch auf die Zusammenarbeit im Team am Arbeitsplatz übertragen, wo man sich mal heftig streiten kann, dann aber wieder einen Weg des friedlichen und produktiven Miteinanders findet.

Es ist auffallend, dass jeder Wolf bei wachsender Spannung im Rudel oder bei einem Misserfolg genau wie wir Menschen einen »Blitzableiter« sucht. Dies ist meist ein Tier in niedriger Position, das dadurch dazu beiträgt, dass sich im Rudel kleine Konflikte entschärfen, bevor sie sich zu einem größeren Problem auswachsen können. Ähnlich kann es in der Familie geschehen: Der von der Arbeit mitgebrachte Frust, der sich im Lauf des Tages aufgestaut hat, braucht ein Ventil; es kommt wegen bedeutungslosen Kleinigkeiten zum Streit. Erst wenn man den Zusammenhang erkennt und über das Probleme gesprochen hat, ist die Spannung entschärft und die Welt wieder in Ordnung.

Die Situation im Gehege während der Ranzzeit erlaubt ebenfalls gewisse Rückschlüsse auf das Betriebsklima, wenn sich zwischen Kollegen mehr als nur ein reines Arbeitsverhältnis entwickelt. Eine sexuelle Beziehung zwischen den Mitarbeitern einer Firma trägt nicht unbedingt zu einer guten Stimmung bei. Die Betroffenen sind meistens mehr mit sich selbst beschäftigt als mit der Lösung ihrer Arbeitsaufgaben, die persönlichen Emotionen erschweren oft die richtigen beruflichen Entscheidungen. Im Gegensatz zu den Wölfen leiden die Menschen dabei unter dem großen »Nachteil«, dass ihre Paarungsbereitschaft nicht nur auf einen Zeitraum von drei Wochen jährlich beschränkt bleibt ...

Natürlich konnte ich nicht erwarten, einer Gruppe von lauter Wolfsspezialisten gegenüberzustehen, schließlich waren es alles Stadtmenschen, die sonst nicht mit Tieren zu tun haben. Doch die völlig falsche Vorstellung über ein gut funktionierendes Wolfsrudel, in dem ein dominanter, despotischer und angriffslustiger Alleinherrscher sich nur mit Brutalität und roher Gewalt die Spitzenposition sichert, hat mich trotzdem überrascht. Selbstverständlich ist eine gut funktionierende Form des Zusammenlebens ohne eine gewisse Autorität nicht möglich, trotzdem braucht jedes Individuum die Freiheit, sich zu entfalten. Besonderes Gewicht lege ich daher bei meinen Ausführungen auf die vielen Zärtlichkeiten und Aufmerksamkeiten, die die Wölfe tagtäglich austauschen, auf ihre sanften und klugen Formen der Problemlösung, auf die festen Bindungen und ihr friedliches Familienleben. Je weniger Energie in Machtkämpfe und Aggressionen investiert wird und je stärker die Loyalität und Kooperation gewichtet werden, desto effektiver kann ein Team ans gewünschte Ziel kommen. Dieser einfache Grundsatz lässt sich auf alle Gemeinschaften der Gesellschaft übertragen.

Erstaunt stellen wir schließlich fest, dass trotz kaltem Nieselwetter aus dem geplanten halbstündigen Vortrag zwei Stunden geworden sind. Ob die Führungsleute daraus für ihren konkreten Arbeitsalltag tatsächlich einen Nutzen gezogen haben, kann ich nur schwer beurteilen. Sicher aber hat jeder der Beteiligten in seinem Herzen »ein Stück Wolf« mit nach Hause genommen.

Zum Ausklang: Das Leben im Rudel geht weiter

Integration ins Rudel

Bei Kämpfen um die Rangordnung oder um die Beute kommt es selten zu ernsthaften Verletzungen.

Beim Umzug von Shadow und Daylight in den Wildpark stellte sich zunächst die Frage, ob sie gleich ein eigenes Gehege bekommen oder lieber gleich bei den Polarwölfen aufwachsen sollten. Ich entschied mich für die zweite Möglichkeit. Dies ist zwar nicht ohne Risiko, aber ich hoffe, dass Nanuk und Flocke die beiden Welpen akzeptieren werden und damit die Kleinen in einem Rudel unter natürlichen Bedingungen aufwachsen können. Später, wenn sie ausgewachsen sind und der Zeitpunkt kommt, an dem sie auch in der Natur Abschied von ihrem Rudel genommen hätten, werden die beiden Grauen ein eigenes Gehege bekommen.

Die ersten Annährungsversuche finden auf einer Wiese außerhalb des Parks statt. Flocke verhält sich völlig problemlos. Sie stürzt sich sofort freundlich auf die beiden, macht sich klein, wedelt mit dem Schwanz, beschnuppert sie und leckt sie ab. Ihre Rolle als Tante nimmt sie so ernst, dass sie noch während der ersten Begrüßung für die Welpen anverdautes Fleisch hervorwürgt, das Shadow und Daylight auch sofort gierig fressen. Nanuk dagegen kann mit der neuen Situation nichts anfangen. Die Kleinen wecken bei ihm zwar große Neugier, wenn sie sich aber nähern, knurrt er sie an. Durch seine Unsicherheit steigert sich seine Aggressivität den Welpen gegenüber so sehr, dass ich, um sie zu schützen, eingreifen muss. Die Lage verbessert sich auch bei weiteren Spaziergängen kaum. Als der Zeitpunkt des endgültigen Umzugs der kleinen Wölfe in den Wildpark naht, müssen wir im Wolfsgehege einen provisorischen Zwischenzaun aufstellen, um Nanuk vom restlichen Rudel zu trennen. So bleibt er zwar mit Flocke und den Kleinen in Sichtkontakt, kann sie aber nicht bedrohen.

Bedürfnis nach Rückzug und Schutz

Gleich am ersten Abend untersuchen die beiden Welpen neugierig unter Flockes Aufsicht das Gehege, alles scheint in Ordnung zu sein. Erst am nächsten Morgen sehe ich, wie ängstlich die Kleinen reagieren, wenn sich Besucher dem Gehege nähern. Je mehr Leute kommen und daran vorbeilaufen, desto panischer verhalten sich die Welpen. Hechelnd und mit eingeklemmtem Schwanz springen sie hin und her und suchen eine Lücke im Zaun, um dem Gehege zu entfliehen. Ich versuche sie zu beruhigen, aber die Aufregung ist so groß, dass sie auf meine Rufe nicht einmal reagieren. Solche Panikattacken konnte ich bei Flocke oder Nanuk

Das gemeinsame Heulen der Rudelmitglieder stärkt den Familienverband.

nie beobachten. Dieses Verhalten beweist, dass nicht einmal das Aufwachsen im »Menschenrudel« die angeborene Vorsicht und die extreme Scheu des europäischen Wolfes restlos abzubauen vermag.

Diese unerwünschten Eigenschaften erschweren es auch weiterhin, einen reibungslosen Kontakt mit Menschen herzustellen. So gelingt es zum Beispiel nicht, die Grauen an das Auto zu gewöhnen, obwohl ich sie von klein auf mit in den Park nehme. Die kurze Autofahrt bleibt für sie eine Strapaze und löst bei ihnen große Ängste aus. Es hilft auch nicht, wenn eine vertraute Person mitfährt, um sie zu beruhigen. Mit der Zeit wird ihre Angst zu einem unlösbaren Problem, und um ihnen diese Stresssituation zu ersparen, können wir unser Ziel nur zu Fuß erreichen. Flocke und Nanuk hingegen bereitet eine Fahrt im Auto keinerlei Schwierigkeiten.

Wölfe lernen im Rudelverband durch Abschauen und Nachahmen.

Als am späteren Nachmittag der Strom der Besucher vor dem Wolfsgehege langsam abnimmt, drücken sich Shadow und Daylight völlig erschöpft und verängstigt in eine Ecke und verfolgen mit weit aus dem Maul hängender Zunge das Geschehen hinter dem Zaun. Im Gegensatz dazu scheint dies Flocke gar nicht zu interessieren. Sie liegt mit halb geschlossenen Augen auf ihrem Lieblingsplatz in der Mitte des Geheges und ruht.

Am nächsten Morgen erwartet mich eine Überraschung: Bei meiner Ankunft sehe ich nur die beiden Polarwölfe im Gehege. Nach dem Absuchen des gesamten Geländes finde ich die Welpen in einem tiefen Bau, den Flocke für sie über Nacht gegraben hat. Als die Kleinen meine Rufe hören, kommen sie mich schnell begrüßen, aber bei jedem fremden Geräusch verschwinden sie blitzschnell wieder im Inneren des Baus. Diese neue Rückzugsmöglichkeit gibt den Welpen zunehmend mehr Sicherheit. Sie trauen sich immer öfter, den Bau zu verlassen und sich immer weiter von ihm zu entfernen, bis sie schließlich so weit sind, dass sie das Treiben vor dem Gehege ignorieren. Auch das ausgeglichene und ruhige Verhalten der Polarwölfe dient den Welpen als Beispiel, es hilft ihnen bei der Überwindung ihrer Ängste.

Sozialisierung im Rudel

Wölfe durchlaufen wie Menschen einen Sozialisierungsprozess. Beim Hineinwachsen in die Rangordnung des Rudels erlernen sie Regeln und erkennen, wo ihr Platz ist. Um die ihnen angeborenen Fähigkeiten noch zu verfeinern, lernen sie

Links: Von Beginn an übernahm Flocke die Rolle der Adoptivmutter.

Rechts: Anders als Flocke war Nanuk bei der ersten Begegnung mit den Welpen eher zurückhaltend.

Rechte Seite: Instinktiv verhindert Shadow mit aktiven Demutsbezeugungen ein aggressives Verhalten von Nanuk.

von älteren oder geschickteren Artgenossen und probieren spielerisch wichtige Verhaltensweisen aus.

Obwohl die elterliche Fürsorge bei den Wölfen angeboren ist, müssen sie noch vieles dazulernen. Bei der Beobachtung der Welpenaufzucht im Rudel können sie Erfahrungen sammeln und diese im späteren Zusammenleben mit der eigenen Familie nutzen. Nanuk ist als Einzelkind aufgewachsen, und in seinem heutigen Rudel sind nie Welpen geboren worden. Er hatte nie die Gelegenheit, eine familiäre Gemeinschaft kennen zu lernen. Deshalb ist er mit der neuen Situation stark überfordert. Ich lasse Nanuk jeden Tag aus dem Absperrgehege, unter meiner Aufsicht darf er mit den Welpen spielen. Sein Verhalten bessert sich zusehends, nach und nach entdeckt er die Vaterrolle für sich, bis wir den provisorischen Zaun ganz abbauen können. Jetzt haben Shadow und Daylight die Möglichkeit, auf natürlichem Wege alle Regeln des sozialen Zusammenlebens für sich zu erlernen.

Flocke und Nanuk lassen am Anfang die wilden Spiele der kleinen Grauen erstaunlich geduldig über sich ergehen. Die Welpen necken sie, zupfen an ihren Ohren, beißen in ihre Schwänze, knabbern und zerzausen ihr Fell. Je größer und älter sie werden, desto aufdringlicher und gröber werden sie. Flocke sucht dann meistens eine sichere Zuflucht auf dem Dach der Holzhütte, Nanuk dagegen versucht die Kleinen mit Zähnefletschen und Knurren zu bändigen. Erst wenn diese Drohgesten nicht ernst genommen werden, beißt er sie über die Schnauze. Das ist

ein wirksames Erziehungsmittel, wobei er die Übermütigen nicht verletzen möchte, sondern sie nur diszipliniert. Die Stärke seines Bisses kann er genau abschätzen. Trotzdem jault der Betroffene jedesmal laut auf, aber eher vor Schreck als vor Schmerz. Die dann zurückgekehrte Ruhe ist jeweils nur von kurzer Dauer, bald geht das wilde Spiel wieder von vorne los.

Fressgewohnheiten

Nicht weniger interessant ist es, die Wolfsfamilie beim Fressen zu beobachten. Vor allem die Welpen stürzen sich gierig auf das vorgelegte Fleisch, ohne sich von den Großen beeindrucken zu lassen. Nanuk versucht meistens mit Zähnefletschen und heftigem Knurren seine Position klar zu machen, trotzdem lassen sich die Kleinen nicht einschüchtern und ziehen ihm seine Brocken schneller vor der Nase weg, als er schauen kann. Flocke dagegen trägt das größte Fleischstück auf ihren Platz auf dem Dach, um es dort ungestört fressen zu können.

Es wird behauptet, dass beim Wolf die Herausgabe des im Magen mitgebrachten Futters an die Welpen nicht ganz freiwillig erfolgt. Erst aktive Demuts- oder Unterwürfigkeitsgesten, das wiederholte Stupsen der Kleinen mit der Schnauze in die Mundwinkel der Erwachsenen löse den Reiz aus, die zerkleinerte und vorverdaute Nahrung auszuwürgen.

Trotzdem kann ich immer wieder beobachten, wie Flocke nach dem Verschlingen ihrer Portion zu den Welpen läuft und das Fleisch erbricht, bevor die Kleinen überhaupt mit dem Betteln anfangen können. Manchmal füttert sie die Welpen, auch wenn diese schon so satt sind, dass die ausgewürgte Mahlzeit unbeachtet liegen bleibt. Noch in den ersten Wintermonaten, als Shadow und Daylight mit sieben Monaten schon fast ausgewachsen sind, kann ich dieses fürsorgliche Verhalten Flockes den Jungwölfen gegenüber beobachten.

Kommunikation zwischen Wolf und Mensch

Reaktion auf Zuruf

In verschiedenen Wolfsbüchern wird immer wieder behauptet, dass die Wölfe nicht reagieren, wenn man sie bei ihrem Namen ruft. Wie dieses Vorurteil entstand, ist für mich nur schwer erklärbar. Auf der einen Seite wird der Wolf als ein hochintelligentes Raubtier dargestellt, andererseits wird ihm die einfache Fähigkeit, auf Zuruf zu reagieren, abgesprochen. Jedes Haustier, ob Katze oder Kleinpapagei, hört auf seinen Namen, wenn es ausreichend Kontakt und Fürsorge von einem Menschen bekommt. Warum sollte es bei einem Wolf anders sein?

Vor allem einzeln aufgezogene Wölfe, wie Flocke oder später Nanuk und Cheenook, können ihren Namen genau erkennen und entsprechend darauf reagieren. Natürlich sind Wölfe keine Hunde, und so liegt die endgültige Endscheidung, ob sie dem menschlichen Ruf folgen, allein bei ihnen.

Shadow und Daylight sind als Geschwister aufgewachsen; wenn man einen von ihnen beim Namen ruft, kommen deshalb beide im Galopp an. Jeder will als Erster

Auch Wölfe brauchen mal eine Abkühlung. Tanja Askani schwimmt gemeinsam mit Nanuk.

bei mir sein – es könnte ja als Belohnung etwas Fressbares geben. Bei gemeinsam aufgezogenen Hundewelpen hätte man die gleichen Probleme, auch sie brauchen eine gewisse Zeit, um herauszufinden, welcher Name zu ihnen gehört. Bei Shadow und Daylight kann ich beobachten, dass sie diese Fähigkeit schon mit einem halben Jahr beherrschen.

Im Frühjahr, als ich die Welpen gerade erst abgeholt hatte, meldete sich bei mir ein Fernsehteam, das über Shadow und Daylight eine Reportage machen und zu diesem Zweck die beiden ein halbes Jahr lang begleiten wollte. Wir beschlossen, uns alle vierzehn Tage zu treffen. Trotz diesen relativ langen Pausen merke ich bald, dass die Welpen »ihre Menschen« immer wiedererkennen. Beim Wiedersehen begrüßen sie erst jeden einzelnen, danach verhalten sie sich entspannt und lassen sich nicht einmal mehr durch Kamera, Mikrofon oder irgendwelche Kabel beunruhigen. Als für den Tonassistenten einmal eine Vertretung einspringt, ver-

halten sich die Welpen so scheu, dass der neue Mitarbeiter die Dreharbeiten nur aus einer größeren Entfernung beobachten kann, damit wir überhaupt ungestört arbeiten können.

Schon eine einzige fremde Person oder ein neuer Gegenstand kann bei den Welpen eine große Unsicherheit und Misstrauen hervorrufen. Der Hauptteil der Dreharbeiten findet außerhalb des Parks statt. Das ist meistens mit einem großen Aufwand verbunden, und man braucht mehrere vertraute Personen, die dabei mithelfen. Je mehr Wölfe agieren, desto planvoller muss alles vorbereitet sein. Allein den Tieren ein Halsband und die Leine anzulegen ist bei ihrem Temperament schwierig. Vor jedem Spaziergang herrscht im Gehege große Aufregung, die ersten Meter in der Freiheit zerren sie vor Freude so stark an der Leine, dass man sie kaum festhalten kann. So brauche ich für jeden Wolf einen Führer, der ihn von klein auf kennt und zu dem er absolutes Vertrauen hat. Ein Wolf hat dabei manchmal bestimmte Vorlieben und sucht sich oft »seinen« Menschen selbst aus.

Weiblicher und männlicher Zugang

Interessanterweise konnte ich beobachten, dass die Wölfe im Allgemeinen zu einer Frau viel schneller eine Beziehung aufbauen als zu einem Mann. Vielleicht liegt es an der sanfteren weiblichen Art, mit der sie auf den Wolf zugeht. Bei solchen Begegnungen gehen Frauen meist instinktiv in die Hocke, strecken ihre Arme aus, reden dem Wolf leise zu und warten, bis er von allein zu ihnen kommt. Sie bieten ihm ihre Freundschaft an. Ein Mann dagegen macht sich nicht klein. In der Regel läuft er mit einer gewissen Dominanz auf den Wolf zu und versucht sich dessen Freundschaft zu erobern. Der alte Cheenook reagierte auf solches Verhalten sehr empfindlich und brauchte eine Ewigkeit, bis er sich von einem Mann überhaupt anfassen ließ. Das Geschlecht des Besuchers konnte er schon von weitem genau unterscheiden.

Diesbezüglich die große Ausnahme in unseren Rudel ist Daylight, der schon seit dem Welpenalter Männer mag. Wenn ein bekanntes Ehepaar zu Besuch kam, begrüßte er die Frau nur sehr flüchtig, umso intensiver freute er sich über den männlichen Gast. Im Alter von sieben Monaten, als er immer noch überempfindlich und ängstlich auf alle fremden Personen reagiert, baut Daylight ein sehr tiefes freundschaftliches Verhältnis zu einem Bekannten auf. Wir drehen an diesem Tag außerhalb des Parks eine Abschlussszene für die Wolfsreportage, dabei

Shadow und Daylight laufen Seite an Seite.

begegnen sich die beiden. Als der Mann vierzehn Tage später mit seiner Familie den Wildpark besucht und am Wolfsgehege vorbeikommt, erkennt ihn der Jungwolf trotz den zahlreichen anderen Menschen sofort. Während das restliche Rudel ruhig bleibt, läuft Daylight am Gitter hin und her und winselt vor Wiedersehensfreude. Als die Familie schließlich weitergeht, heult er ihnen noch lange enttäuscht hinterher. Es ist rührend, die heftigen Emotionen bei jedem weiteren Wiedersehen zu beobachten.

Nanuks Vorlieben sind noch etwas differenzierter und merkwürdiger. Aus mir unerklärlichen Gründen bevorzugt er kleine rundliche Frauen. Eine meiner Freundinnen, die allerdings nicht in dieses Schema passt, kennt das Rudel seit langer Zeit. Sie ist oft bei den Spaziergängen mit den Wölfen dabei, sie hilft bei den Dreharbeiten mit und besucht die Wölfe auch in ihrem Gehege. Am Anfang versteht sie sich mit Nanuk bestens. Bei einem Spaziergang springt Nanuk sie als Zeichen der Freude immer wieder an. Aber als er einmal gerade seine Pfoten auf ihre Schultern legt und ihr übers Gesicht leckt, merke ich, wie sich seine Mimik verändert und er die junge Frau leise anknurrt. Bevor ich reagieren kann, lässt er sich schon wieder auf alle Viere fallen und geht seiner Wege. Ich kann mir sein Verhalten nicht erklären und entscheide mich, es weiter im Auge zu behalten. Beim nächsten Treffen wiederholt sich die Begebenheit erneut: Begrüßung, Anknurren, Weglaufen. Um die Spannung zwischen den beiden nicht zu vertiefen, nehme ich nun Nanuk selbst an die Leine, wenn wir unterwegs sind.

Ein paar Monate später fahre ich zusammen mit meiner Freundin zu den Wölfen. Sie hilft mir, die schwere Plastikwanne mit Fleisch ins Gehege zu bringen.

Ich laufe vorneweg, schließe auf, und als ich das Gehege betrete, bemerke ich ein Blitzen in Nanuks Augen. Ich kann gerade noch die Tür hinter mir zuschlagen, so dass meine Freundin draußen bleibt. Im gleichen Augenblick schießt Nanuk an mir vorbei und springt mit solcher Wucht gegen das Gitter, dass der ganze Zaun wackelt. Seine deutliche Körpersprache und sein tiefes Knurren verraten, dass es ihm ernst ist. Ich versuche Nanuk mit dem Futter abzulenken, was auch kurz gelingt. Die Wölfe folgen mir und fangen gleich zu fressen an, nur Daylight bleibt am Tor und drückt seine Nase durch das Gitter, um die zurückgebliebene Frau zu begrüßen. Nanuk bemerkt es sofort, lässt sein Fleisch fallen, erreicht mit ein paar Sprüngen den Welpen und stürzt sich regelrecht auf ihn. Ängstliche Schreie des Kleinen und lautes Knurren begleiten die Szene. Danach schleicht sich Daylight weg, ohne sich noch ein einziges Mal umzudrehen. Mit seinem Verhalten hat Nanuk deutlich gezeigt, dass er die junge Frau nicht mehr im Rudel duldet, und verlangt streng, dass sich auch alle anderen Familienmitglieder daran halten.

Ich stehe im Gehege und meine Freundin davor, zwischen uns liegt eine plötzlich unüberwindbare Barriere. Wir spüren eine gewisse Traurigkeit, denn wir wissen beide, dass der Wolf seine Entscheidung nicht rückgängig machen wird.

Für uns Menschen ist es schwierig zu verstehen, warum so etwas passiert und was genau der Auslöser dafür sein könnte. Das Leben innerhalb eines Rudels ist sehr kompliziert, die Wölfe sind konsequent in ihrem Tun, und die nächste Attacke könnte ohne Vorwarnung kommen. Auch wenn es nicht leicht fällt, muss man ihre Entscheidung akzeptieren und die ihnen angeborenen Verhaltensweisen respektieren.

Oben: Die neuen Rudelmitglieder sind da: Ricco, Lobo und Filou.

Unten: Fortsetzung folgt ...

Nachwort

Die blasse Januarsonne verschwindet hinter dem Horizont. Ich stehe an eine alte Fichte gelehnt, es dämmert. Die frostige Luft kriecht immer tiefer in meine Glieder, bis sie die tief in die Taschen vergrabenen Hände erreicht. Ich bewege die vor Kälte steifen Finger, so gerne möchte ich den Zeitpunkt des Weggehens hinauszögern.

Die Wölfe liegen mitten im Gehege und ruhen. Schneeflocken rieseln herab und bedecken ihre schlafenden Körper, so dass sie bald einer Marmorskulptur gleichen. Regungslos, um die friedliche Stille nicht zu stören, genieße ich den Anblick.

Wölfe haben mich schon seit langer Zeit fasziniert, doch hätte ich es nie für möglich gehalten, dass ich einmal mitten in einem Wolfsrudel stehen werde und sie einen großen Teil meines Lebens bestimmen. Ich weiß, dass es nicht selbstverständlich ist, einen Platz an ihrer Seite zu haben und von ihnen akzeptiert zu werden. Sie sind mir mit ihren Instinkten, ihrer Kraft und Schnelligkeit weit überlegen, und ich hoffe, auch weiterhin alle ihre Signale und Verhaltensweisen richtig zu verstehen, um unsere Freundschaft nicht zu zerstören.

Noch leben alle Wölfe zusammen, aber bald werden Shadow und Daylight die Gemeinschaft der Weißen verlassen und ein eigenes Gehege beziehen. Sie sind ausgewachsen und selbständig, sie haben unter Aufsicht der Großen alles Wichtige für ihr weiteres Leben gelernt und erprobt. Aber die Geschichte geht weiter; es werden neue Wölfe kommen. Das kleine Polarwolfsrudel bekommt an Stelle von Cheenook bald einen neuen Gefährten, und auch Daylight

und Shadow sollen nicht für immer allein bleiben. Erst wenn die beiden auf neue Wolfswelpen treffen, wird sich zeigen, ob sie die gleiche Fürsorge für sie aufbringen können, die sie selbst bei Flocke und Nanuk erfahren konnten.

Es wird dunkel, die Kälte unerträglich, und langsam wird es Zeit zu gehen. Noch bevor ich den ersten Schritt tue, springt das ganze Rudel auf und läuft zu mir, als hätte es gespürt, dass ich sie jetzt verlassen werde. Ich umarme einen Wolf nach dem anderen, greife ihnen dabei mit beiden Händen in den dichten, warmen Pelz und drücke sie zum Abschied fest an mich. Keiner von uns weiß, was der nächste Tag bringt. Werden sie mich auch morgen noch akzeptieren und in ihrer Gemeinschaft dulden? Das Rudel begleitet mich bis zum Tor des Geheges. Dann bleiben sie stehen und beobachten still, wie ich die Tür verschließe.

Auch wenn meine Wölfe nicht dem Ruf der Wildnis folgen können, ist ihre Existenz hier sehr wichtig. Durch den Kontakt, den Menschen zu in Gefangenschaft lebenden Wölfen haben, steigt das Interesse am Schicksal der frei lebenden Wölfe. Und trotz Gefangenschaft entscheidet auch dieses Rudel nach seinen eigenen Gesetzen und bleibt unabhängig, unbändig und immer innerlich frei.

Herzlichen Dank

Dieses Buch hätte nicht geschrieben werden können ohne die Unterstützung und Ermutigung durch Freunde, Familie und viele andere Helfer. Folgenden Personen schulde ich besonderen Dank:

Sabine Lutzmann und Thorge Huter, Berufsfotografen und Gründer der Bildagentur »Fishing4 Network«, die dieses Projekt mit großer Sorgfalt und Geduld über ein Jahr lang begleitet haben. (www.fishing4.com)

Bettina Kersten, die meine Manuskripte gelesen hat und mir mit einer ersten Kritik sehr half. Susanne Fischer-Rizzi und ganz besonders Rosemarie Kirschmann-Bartweiler, für ihre wertvollen Anregungen und ihrem untrüglichen Gespür für Verbesserungen.

Gisela Müller und Jörg Ahrend, die mich mit dem Wolfsrudel beharrlich oft bei Nebel, Regen, Wind und Kälte auf allen Streifzügen begleiteten.

Susanne Riedl (Seite 54, unten) und Juliane Meyer (Seite 32 und 141, oben) für die Bereitstellung ihrer Bilder.

Nicht zuletzt danke ich Herrn Norbert Tietz, Direktor des Wildparks Lüneburger Heide, mit allen Mitarbeitern des Parks, die mich in meiner Arbeit tatkräftig unterstützten und weiterhin unterstützen. (www.wild-park.de)

Zum guten Schluss

Einmal mit einem Wolf spazieren gehen, das ist gar nicht so abwegig. Viele Hundefreunde wissen, welche Freude sie ihren Schützlingen damit machen. Auch die von Hand aufgezogenen Wölfe des Wildparks Lüneburger Heide in Nindorf freuen sich außerordentlich, wenn Wolfsmutter Tanja Askani mit der Leine kommt.

Dies geschieht aber nicht nur zum reinen Selbstzweck, sondern hat auch eine weitergehende Bedeutung. Wolfswissenschaftler sind auf praxisnahe Ergebnisse angewiesen. Dabei hilft der tägliche Umgang mit verschiedenen Wolfsarten von der Aufzucht bis ins hohe Alter. So wurde in diesem Buch ausführlich über den Umgang mit den einzelnen Wolfsarten, über Temperamentsunterschiede, die verschiedenen Charaktere und die Bedürfnisse der Wölfe berichtet. Als Wildpark sehen wir es als unsere Aufgabe an, neben anderen Tieren über das Leben der Wölfe möglichst viele Informationen an die Besucher zu vermitteln, um ein besseres Verständnis des Wolfs in seiner Einzigartigkeit zu fördern. Viele Verhaltensmuster müssen infrage gestellt werden, damit das Ammenmärchen vom bösen Wolf endgültig widerlegt wird.

Diese Aufgabe kostet Zeit und Kraft, und allein aus der Kontinuität der Arbeit lassen sich die notwendigen praxisbezogenen Ergebnisse über den Urvater Wolf dokumentieren.

Der Wildpark Lüneburger Heide in Nindorf dankt dem außergewöhnlichen Engagement von Tanja Askani und wünscht diesem Buch, übrigens ihrem zweiten, viel Erfolg.

Norbert Tietz
Direktor Wildpark Lüneburger Heide